Thailand

蘿拉老師的
泰國家常菜

家常主菜 × 常備醬料 × 街頭小食

70 道輕鬆上桌！

蘿拉老師 —— 著

林韋言 —— 攝影

推薦序

有些記憶很難忘懷，譬如某個晴朗的上午，以泰菜教學聞名的蘿拉老師帶著我到路邊，看著羅望子樹莢果滿滿垂掛在綠意中，她表示年底恰是果熟時刻，這時摘取可以做出許多有趣的泰國菜餚。我剝開羅望子的果莢，熟果有著微微烏梅味，頓時有種發現純天然蜜餞的喜悅感。據說羅望子不僅果肉可食，葉子也是著名香料，在泰國以經濟規模栽培的農產作物，在台灣卻是做為路旁的行道樹，文化差異導致觀點不同，想一想還真有趣。

這幾年的台灣餐飲市場中，泰國菜絕對是備受注目的趨勢之一。有的以區域標榜，譬如泰北菜；有的以稀有階級著稱，譬如皇家菜；有的講究正統道地，強調主廚和泰國的淵源；有的承認台式創意，標榜月亮蝦餅就是台灣獨創的泰國美味。在這麼多紛亂的多元選擇中，應該怎麼看待泰國菜呢？

在偶然的機會下，我認識蘿拉老師，稍稍聊幾句就頗受用，因為她繞開這些紛紛擾擾，直接由食材下手破題，光是一道涼拌青木瓜（SOM TUM），她就曾讀過三十多個食譜版本，更透過考據發現 SOM TUM 這道菜餚源自寮國，在寮國 68 個族群中，做這道 SOM TUM 可不一定用青木瓜，而是強調 TUM 這個動作的代表意思，以此判斷回溯，找到 SOM TUM 的意涵，然後再思考味道的初心，參考目前的文化共識，加以自己的喜好，做出了美好的涼拌青木瓜（SOM TUM）。

「多麼有深度的食譜配方啊！」我內心讚嘆著，我常覺得由做菜可以看出一個人的處事態度，因此我特別喜歡願意用心思考食物的烹飪者，聽著蘿拉老師對於泰國菜的觀點和見解，頓時對於泰國菜的多元性有了探索的藍圖。

正打算定期找時間請教時，知道她即將出食譜書，既然如此，怎能不趕緊購買呢？

飲食文化研究者
徐仲

推薦序

蘿拉（蔡秀蘭）老師是本校執行教育部業師協同教學計畫的業界專家，曾多次擔任我教授的 < 餐飲管理案例探討 > 課程的協同教學業師及大四必修課程 < 專題講座 > 的講師，她的授課單元 < 泰國飲食文化介紹 > 及 < 泰式料理製作示範 > 深受學生好評。很高興蘿拉老師的新書《蘿拉老師的泰國家常菜：家常主菜 × 常備醬料 × 街頭小食，70 道輕鬆上桌！》即將問世，我非常樂意將此書推薦給喜愛泰式料理的人士。此書共分為六篇，包括泰式料理常用的香料植物、咖哩、涼拌、炸烤、蒸煮、熱炒及甜點，清楚詳細地從食材的認識到拌、烤、蒸煮、炒等各式烹調手法的運用以及甜點，完整介紹泰式經典及特色料理，是一本非常實用的工具書。

這本書有別於坊間一般的烹調書，在介紹每一道菜的作法之前，都先有幾行短評，介紹菜肴的由來，泰語的發音，泰國的飲食習慣以及貼心的技巧提醒，搭配各步驟的小圖及完成的產品圖，非常容易學，對很少進廚房的新手也能一看就懂，躍躍欲試。對有意泰式料理創業的人士也可學習書中的料理，加以創新巧思，變化成創意料理。餐飲研發者也可運用書中介紹的泰式甜點，為菜單增加異國風味，讓客人驚艷。此書也非常適合作為餐飲科系教授飲食文化或異國料理的教師參考。非常用心、容易學、能體驗泰式烹調的樂趣和美味是我對這本書的感動。

國際技能競賽西點製作職類國際裁判
國立高雄餐旅大學烘焙管理系創系主任
國立屏東科技大學餐旅管理系教授

蘇衍綸

如同燒烤肋排、味噌湯等歐日料理，已深植於台式料理的菜單中；同樣的泰式口味的涼拌海鮮與檸檬魚也悄悄的進入各菜館與辦桌師傅的菜單上，加上坊間出現眾多的泰菜餐廳，都證明了泰式口味已融入台灣的飲食文化中，而這股飲食文化流行與融合也同時發生在歐、美等世界各地。泰國菜會流行於世，並不單純是它的確好吃，背後是泰國政府有計劃性的推展泰國美食政策的推力，這項計劃成功到讓我重新認識、了解，進而再負笈到泰國當學生，學習如何作好泰菜。

我很年輕的時候隨經商的家人長居泰國多年，學了幾道簡單的泰國菜成了日後我回到台灣在社交圈的聯誼工具。但我真正做好泰國菜，則是從泰國官方推行「世界廚房」的美食政策那時，重新學習。

後來，因緣際會之下，我開始泰菜教學，從昔日的聯誼式粗淺教法，到現在從食材認識解說開始教，前後加總起來也快20年了。這歷程中，為了要提供正確的香草食材，從盆植到租地，接著買地闢建農場，我才能完整擁有泰式料理所需要的所有香草植物。

泰式料理極少講求入味，也沒有太多的備料需求，所使用的生鮮香草食材，泰國人通常門前門後隨手採摘，稍作整理就料理上桌了。而延續美味料理的關鍵就靠醬料了。有趣的是，泰國人最常食用的醬料，正是由這些生鮮的香草食材所製成，這也意味著泰式料理所呈現的氣味是倍數的堆疊蘊味，也就是說泰式美味的延續靠的就是醬，因此，我也打造了自己生產醬料的食品工廠。

「酸、甜、鹹、辣」這幾個常見的味道形容，還不足以道盡泰味。泰國人很能吃苦，也很能生食，帶著苦澀的各式茄子及各式的食用花卉常常是雅俗共賞的餐桌美味。但其實這種餐食文化所蘊藏的，是多元族群所融合的現象。

大家喜歡把泰式料理依著地型區分成北部、中部或南部的菜肴，我則喜歡探討影響菜式發展的溯源，比如說泰國中部的青木瓜沙拉中的酸來自檸檬汁，而在北部的酸則多了羅望子醬的酸，這是受到盛產羅望子的碧差汶府（Phetchabun）位處北部的地緣影響；又比如說，源自東北的青木瓜沙拉，在北部就是魚醬、蝦醬、蟹醬、通通一起入味，視覺上呈現出烏漆抹黑的模樣；但來到中部就迎合多元族群，只加蝦米的簡單口味。

美味料理無國界，泰式料理也是不斷的有創新菜出現，但萬變不能離其宗，靠發酵品調味出特殊香氣的泰式料理有其無可取代的優勢，就是蝦膏和魚露。蝦膏和魚露與許多鍋炒的烹技一樣，都是早期的華人移民在泰國的生存條件下所發展傳授下來的傑作。值得一提的是有許多的泰菜其實是泰華合體的潮州菜，但全球都稱之為泰國菜，例如說泰式炒粿條及咖哩螃蟹就是最經典的代表菜色。

文化的興衰可以滅國也可以興國，泰國以「泰國，世界廚房」（Thailand,Kitchen to the world）創造全球矚目的經濟奇蹟，靠的也不只是操作而已，實質上泰式料理的無油無煙，健康美味，烹煮容易，也是很大的吸引力。

這本食譜的用料在台灣都買的到，香草植物的部份也是，希望我所呈現的菜餚烹煮方式能夠讓你有在家也能享受泰國菜的小確幸！

蔡秀蘭 Laura 僅識

Contents

Thai Cuisine

About
前置篇

Thai Cuisine

Chapter 1
咖哩篇

Thai Cuisine

Chapter 2
涼拌篇

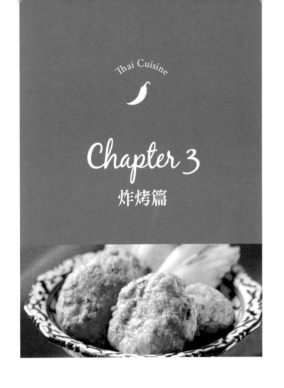

Chapter 3
炸烤篇

Chapter 4
蒸煮篇

Chapter 5
熱炒篇

Chapter 6
甜點篇

Thai Cuisine
一起聊聊泰國菜！

甚麼味道是泰國菜的原味？甚麼樣的泰國菜是泰國的皇家菜？
作為烹飪泰國料理的傳授者，我從不願意去撩撥「道地」與「改良」之間的議題。

泰國國土遼闊，物產豐富，多種族的飲食文化交織出多層次的味源。同一道料理會依區
域的特產，決定食材的置入，因此妳我或任何一位泰國人所吃到的同一道料理，也許就
有不同的配料，而配料影響了味道。

「酸、甜、辣」這三個味覺描述，並不能概括詮釋泰國菜。泰國味蘊含著濕性香料（香茅、蔥頭、蒜頭…）的各式湯頭，令人齒頰留香；泰國咖哩則融合了濕式香料加上大量的乾式香料（豆蔻、丁香、肉桂…）所呈現出來深沉的香氣，令人吮指回味，難怪泰國的馬薩曼咖哩會早在拉瑪二世時代就成為皇室的菜譜。泰式咖哩也有不同的定義，就是「咖哩是一種由多種香料組合而成的調味料」「各國的咖哩香料成份各異」，因此台灣的五香粉或者五味醬在型式上就是本土的咖哩呢！

再談到 CNN 票選為 2017 全球 50 大美食第六名的涼拌青木瓜（SOM TUM），這道菜很有趣，它源自泰國東北鄰國—寮國。寮國現有 68 個族群，各有自己的語言，據泰國致力在考證古老食譜的專家指出，SOM TUM 的「SOM」是寮國方言，泛指「橙，意味著酸」，「TUM」是指「動作」，這是否意味著「SOM TUM」並非僅指青木瓜沙拉？而是泛指帶著酸味的料理。我在 10 年前拿到有 30 種食材版本的 SOM TUM 點菜單時的疑問，一直到閱讀到相關的研究才釋疑。也就是說，不管是拿到蘋果、芭樂或黃瓜、茄子，只要妳喜歡把這些食材「TUM」一下，就是異國風的涼拌菜了。

對作泰國菜的人來說，泰國菜是不太講究「入味」的，但值得一提的是，2011 CNN 票選全球 50 大美食排行榜第一名的「馬薩曼咖哩 Masamune curry」，卻是泰菜裡少數需要入味及濃稠的料理。這道料理受到穆斯林世界的影響，使用大量的乾性香料（豆蔻、丁香….），把雞腿與馬鈴薯一起熬煮到釋出澱粉，也讓醬汁變得濃稠。但因為穆斯林不吃豬肉，連帶影響是在泰國只能吃到雞腿或是牛肉的馬薩曼咖哩。

此外，「泰式炒」非常受歡迎，尤以西方國家為甚，這就得牽扯到中國菜了。中國料理比「世界廚房」的泰國菜更早揚名海外，中國菜大火快炒的那種鑊氣，一直是中式菜餚的功夫菜之一，早已聞名四海。「粿條」的作法及鍋炒的技藝是早期華人移民泰國時所傳授，之後泰國料理中發展出的「趴泰 Pad thai」，即兼具中式料理的鹹香，及泰式料理的酸甜滋味，我想這也是大受歡迎的原因之一。 但要注意的是炒粿條的配料「豆腐乾」得染過薑黃，才是正宗的泰國原味呢！

美食具有療癒功能，泰國菜也是。先認識食材，調味料則依不同品牌的成份自行加減到適合自己的口味，人人都有機會做出能撫慰人心的泰國菜的。

泰式料理常用的食用植物

醬！醬！醬！醬料是泰式料理的靈魂，種類非常多，泰國媽媽們多以家裡種植的香草植物，加上香料，親手搗製為醬料。學習烹煮泰國菜之前，首先得了解泰國料理常用的香料與香草，才能調製好吃的泰國醬料。

打拋葉

打拋葉的名稱音譯自泰文「กะเพรา」（KAPRAO），有特殊的香氣，常被用做熱炒起鍋前撒一把增香，最為台灣人熟知的料理是打拋豬肉。由於栽培容易，又隨著婚姻移入的新移民越來越多，在工業區附近的雜貨店都不難買到。

蝶豆花

因外觀及顏色猶如展翅蝴蝶得名的蝶豆花，原產自喜馬拉雅山、印度、斯里蘭卡、爪哇，在泰國被計畫性的經濟栽種，被拿來做為甜點中的天然染料，也能做冰飲。色素成分花青素據說有改善視力、降血壓等功能。

凱花

泰語發音為「LOW KAY」的凱花，在台灣稱作「大花田菁」，有紅花及白花兩種品種，通常作為庭園造景之用，花開花落掉滿地，在泰國則是擺放在蔬菜類裡常態性販售。

沙梨橄欖

是庭園觀賞植物，也是東南亞外勞最愛的南洋代表性水果。9月以後，果實逐漸成熟，聞起來有點淡淡的香氣！在泰國會被當作香料來煮湯，不需要醃漬，就能品嘗如酸菜湯的美味、口感，天然又健康。

刺芫荽

刺芫荽食用部位主要是嫩莖葉，氣味類似香菜（芫荽），但濃烈程度更甚於香菜。在泰國常與芫荽合併使用，栽培容易，近年來台灣的園藝店一盆一株，以觀賞盆栽販賣。

蛋茄

型似雞蛋的蛋茄，水份不多，呈現出不軟爛且微脆的口感，最常運用來煮綠咖哩雞或蘸著蝦醬生食，口味微苦。

卡菲爾萊姆

果實的外皮因凹凸不平，有「痲瘋柑」別稱。幾乎所有的泰式咖哩，都會使用到她的外皮做原料的，果肉沒甚麼湯汁；除了入菜，在泰國還被整顆攪碎，做成洗髮及沐浴用品。

卡菲爾萊姆葉

卡菲爾萊姆的葉子香氣無敵，是泰式的咖哩及很多泰式涼拌菜必要的味源，撕去中間的葉脈，香氛才能完全釋出；做涼拌菜時得用生鮮的葉片切細絲，台灣已有人具規模的種植。

手指薑

因型似手指而得名的手指薑，泰文音譯為「甲猜」。她有非常香的特殊氣味，運用廣泛，有些咖哩醬以此入味，也可用來炒肉絲，台灣有商家進口手指薑罐頭，但還是得用新鮮手指薑的口感較好。

臭菜

未煮時奇臭無比，煮熟轉香，泰語的發音為「岔甕」，可食用的部分是嫩莖葉，煮湯、熱炒，煎蛋都很受歡迎，清香味美。栽培容易，插枝即活，台灣北中南的雲南村都有栽種，在泰國是經濟作物。

翼豆

長條狀的翼豆，有四個向外突出的邊，又稱四角豆；也因為形似楊桃，還有人稱為楊桃豆。原產地為東南亞，據傳百年前傳入台灣，目前台東農改場輔導農民種植，口感清脆滑嫩。

珠茄

泰國的茄子有多種的品種，其中「珠茄」因長的很像綠色珍珠得名。果皮較厚，口味微苦，帶點甘味，是烹煮綠咖哩雞必加配料之一。

香菜根

泰國的香菜有兩種賣法，一是「帶根全株賣」，另一種則是「只有葉柄及根」。這是因為香菜根是泰菜非常重要的味源，有時是做湯底熬湯，更多的時候是與蒜頭、蔥頭一起搗碎當炒醬，幾乎所有的泰式咖哩醬都含有香菜根。

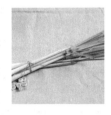

香茅

香茅是產自南亞、東南亞的熱帶作物，因帶有特殊的檸檬香氣，故在英文中稱作「Lemongrass」，只要少量就能替料理增添風味層次。在泰式料理中，無論是煮湯或涼拌，幾乎都用得到香茅。

查普葉

查普葉是胡椒科的植物，很容易種植，插枝即活。在泰式料理中，多被運用於餐前點心中，像是知名的「棉康」，就是用這葉子包裹數種食材食用，高檔餐廳和路邊攤享用得到，雅俗共賞。

南薑

南薑和香茅、檸檬葉,是很多泰式湯品的基礎香料,以往台灣多使用泰國進口的乾燥南薑,現在已有具經濟規模的種植。乾燥或新鮮的南薑風味略有差異,乾燥是老薑做成,新鮮的南薑種植時間 2 年熟成,可酌情選購。

薑黃

薑黃粉也有人稱做黃薑,並非咖哩粉,只是其成份之一,也是泰式黃咖哩醬的元素,味微苦,是脂溶性的養生香料。近年薑黃被生技食品業者做成膠囊之後,台灣才有了大量的種植,非常容易買到。

羅望子嫩葉

羅望子又稱酸子,在台灣常見被當做庭園樹或行道樹栽種。在泰國是經濟作物,葉子和果實都可食用。嫩葉煮湯時會釋出天然的酸香。

香蘭葉

香蘭葉是泰國許多甜點及料理的香氣來源,打成汁液又是最佳天然食物染色原料。街頭的熟食攤,無論蒸、煮、薰、炸,都會以香蘭葉墊底增加香氣。

蓼菜

蓼菜,多生於水邊。莖高 1 尺餘,葉呈披針形。莖葉味辛辣,可用與肉類調味,也是種藥用植物。

泰國料理調味三元素

泰國的漁獲非常豐富，所發展出來的發酵調味品，如魚露、蝦膏等調味料已然百家爭鳴，各家產品所含的成分良莠不齊，皆有所差異，使用上須自行調整用量的多寡。盡管如此，在烹煮泰國菜時，妳還真不能少了這個味。這種發酵過的的香氣是無可取代的，這也是鮮少素食的泰國菜的原因之一。

魚露

是以小魚用鹽漬、發酵、蒸餾、所取得的汁液。是泰菜的鹹味來源之一。

在泰菜的運用如同咱台灣人運用醬油那樣的普遍。「辣椒 + 檸檬汁 + 魚露」就是配飯或配湯麵的那種沾醬。

棕櫚糖

製程與咱台灣用甘蔗榨汁製糖的製程一樣，所不同的是，棕櫚糖是取自棕櫚樹的花穗的汁液，小火熬煮到水份蒸發而成，味道清甜，略帶焦香味。泰菜的甜味之一。煮甜椰漿不可或缺。

蝦膏

蝦膏 以小蝦漬以鹽巴發酵而成，是泰式醬料必要的原素之一。

蝦膏與蝦醬是不同的東西，蝦醬是精製過的加工品，而蝦膏是原物料，氣味腥臭，需經烘烤才能使用。

羅望子醬

材料：

羅望子 —— 數顆
水 —— 500 克

作法

1. 羅望子去殼，取出果實。

2. 用手搓揉果實。

3. 使果實內的籽和筋膜脫落。

4. 取濾網將作法 3 濾去籽和筋膜，即成羅望子醬。

紅咖哩醬

濕式香料：

南薑 —— 5 片
香茅 —— 1 匙
卡菲爾萊姆皮 —— 1 茶匙
香菜根 —— 2 茶匙
蒜頭 —— 10 瓣
紅蔥頭 —— 5 瓣

乾式香料：

芫荽籽 —— 1 匙
孜然 —— 1 茶匙
胡椒 —— 5 顆
大的辣椒乾 —— 5 條

調味料：

鹽 —— 1 茶匙
蝦膏 —— 1 匙

作法

1. 乾鍋炒乾式香料，聞香起鍋撈起備用。

2. 乾鍋炒香濕式香料，聞香起鍋撈起備用。

3. 將炒過的乾式香料放入搗缸搗成粉末撈起備用。

4. 將炒過的濕式香料加鹽巴放入搗缸搗至泥狀。

5. 將剛才撈起的乾式香料再次進搗缸，加上蝦膏搗勻即是紅咖哩醬。

綠咖哩醬

材料：

青色辣椒 —— 80 克

小青辣椒 —— 8 克

青蔥 —— 8 克

蒜頭 —— 40 克

紅蔥頭 —— 10 克

南薑 —— 6 克

香茅 —— 40 克

卡菲爾萊姆皮 —— 1 克

卡菲爾萊姆葉 —— 5 克

白胡椒粉 —— 1 克

芫荽籽 —— 5 公克

小茴香 —— 2 克

海鹽 —— 30 克

蝦膏 —— 8 公克

作法

1. 白胡椒粉和芫荽籽下鍋炒一下，續下小茴香，一起炒到飄出香味後撈起磨成粉備用。

2. 將紅蔥頭和蒜頭，以乾鍋炒到接近透明時，撈起備用。

3. 將作法 1 和 2，將所有的材料一起搗碎成泥狀即成綠咖哩醬。

馬薩曼咖哩醬

乾式香料：

芫荽籽 —— 15 克

孜然 —— 5 克

肉荳蔻 —— 5 克

肉桂 —— 4.5 克

丁香 —— 4.5 克

白胡椒粉 —— 12 克

大紅辣椒 —— 3 條

濕式香料：

紅蔥頭 —— 300 克

蒜頭 —— 80 克

香茅 —— 100 克

南薑 —— 25 克

香菜根 —— 18 克

卡菲爾萊姆皮 —— 15 片

調味料：

鹽 —— 50 克

蝦膏 —— 30 克

作法

1. 起乾鍋炒香所有的乾式香料，聞香撈起備用。

2. 起乾鍋炒香紅蔥頭、蒜頭、南薑、香茅，聞香撈起備用。

3. 將炒過的乾式香料放入搗缸，搗成粉末撈起備用。

4. 將炒過的濕式香料加鹽巴放入搗缸，搗至泥狀。

5. 將剛才撈起的乾式香料再次進搗缸，加上蝦膏搗勻，即是馬莎曼咖哩醬。

蝦醬

材料：

蝦膏 —— 1 大匙
鋁箔紙或芭蕉葉 —— 1 張
紅蔥頭 —— 4 瓣
蒜頭 —— 4 瓣

調味料：

魚露 —— 1 匙
醬油 —— 1 匙
蠔油 —— 1 匙
糖 —— 少許

保存期限：

一次可以多做一點，裝罐保存。因為很鹹，密封常溫保存，至少可以存放 1 星期，冷藏應該可以長達 1 年。

作法

1. 乾鍋內放置鋁箔紙或芭蕉葉，挖一大匙蝦膏放在上面，以極小的火煨。過程中，蝦膏的臭氣會逐漸轉變為香氣，然後起鍋待涼，備用。

2. 乾鍋烤蔥頭、蒜頭，避免太辣，所以要使其外表有點焦，內部才會變色。

3. 散發出香氣，內部變軟時，起鍋。

4. 先用刀背拍蔥、蒜，再剁碎；若有搗缸，可以放進去搗一搗更便利。

5. 放進蝦膏，再加入一匙的魚露、醬油及蠔油，最後加一點糖、再加一點水，就成了蝦醬。

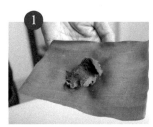

Thai Cuisine

Chapter 1

咖哩篇

有人這麼說：「學泰國菜要從搗咖哩開始」。

咖哩是泰式料理的靈魂，

紅咖哩、綠咖哩、黃咖哩、酸咖哩……，

其中香氣豐富、口味濃郁的馬薩曼咖哩，

在 2011 年被 CNN 票選為全球 50 大美食第一名呢！

烤鴨咖哩

烤鴨咖哩的蘊藏味道來源非常豐富,有屬於水果的微酸,也有果香,更有原就來自香草植物製成的紅咖哩醬的草本香氣。「烤鴨」的鴨皮稍有油膩,剛好被鳳梨、番茄、葡萄的果酸綜合到完全無油膩之感。

可以買坊間現成的烤好的鴨肉做這個料理,也可使用分切販售的鴨胸肉抹點鹽巴煎烤一下即可運用。烤箱下層宜用鐵架,才不會像在煎,也免於觸盤的肉過老、過硬。

材料:

烤鴨 —— 1 片

紅咖哩醬 —— 2 大匙

卡菲爾萊姆葉 —— 5 片

九層塔 —— 適量

鳳梨 —— 適量

紅番茄 —— 適量

葡萄 —— 幾顆

水 —— 300 克

調味料:

椰漿 —— 1 罐

椰糖 —— 1 湯匙

魚露 —— 1 湯匙

作法:

1. 鴨胸抹薄鹽,不劃刀,以鴨皮面朝下,用小火煎到表皮呈金黃色,呈半熟狀。

2. 烤箱以攝氏 250 度預熱 10 分鐘,再將鴨胸以鋁箔紙包裹後,移入烤箱內,烤 20 分鐘。

3. 烤 20 分鐘後打開鋁箔紙,皮面抹點麥芽糖再續烤 10 分鐘。鴨胸肉待冷切片備用。

4. 撈取 1/3 的椰漿罐頭上層的濃椰漿以小火煮到滾出珠油,加入紅咖哩醬炒香。

5. 倒入剩下的另 1/3 的椰漿及水,開小火煮。

6. 取一半的鴨肉,及所有的配料下鍋煮到滾開。

7. 將剩餘的椰漿倒入鍋裡再煮滾後,以魚露和椰糖調味。。

8. 起鍋前灑一把九層塔即可。

乾炒紅咖哩炸魚塊

泰國的外食人口很多，很多街坊外賣、外帶的攤子上都會有這道菜，一份紅咖哩魚塊加上一包已蒸好的糯米飯及攤子上任取的蔬食配菜，就是上班族的方便餐了。

材料：

白肉魚 —— 1 尾
紅咖哩醬 —— 少許
紅辣椒 —— 少許
長豆 —— 少許
卡菲爾萊姆葉 —— 少許
太白粉 —— 少許

調味料：

椰糖 —— 1 匙
魚露 —— 少許

作法：

1. 白肉魚洗淨，擦乾水分後，片成塊狀抹上太白粉，備用；卡菲爾萊姆葉撕下葉脈再撕成隨意的片狀備用，辣椒切絲備用。

2. 起油鍋炸魚塊，炸到魚身呈金黃色，魚肉香酥，瀝油備用。

3. 另起油鍋炒紅咖哩醬，再下長豆續炒。

4. 將炸好的魚塊下鍋與紅咖哩醬同炒，加一點水，以免太乾。

5. 依序放下萊姆葉、辣椒絲，再下些椰糖，中和鹹味。

6. 起鍋前，將切成細絲的萊姆葉撒於魚塊上，即可盛盤。

7. 上桌時，稍微翻拌一下，以享受檸檬葉的香味。

紅咖哩炒肉

「咖哩醬」本就是一種富含多種香料的調味料，除了以大量的椰漿煮成印象中的泰式咖哩以外，其實，直接炒肉絲或炒海鮮也非常好吃。通常咖哩醬都有一定的鹹度，所以這道菜的魚露調味是要取其香氣而已，請酌量使用。

材料：

黑豬肉 —— 200 克
紅咖哩醬 —— 1 匙
長豆 —— 100 克
卡菲爾萊姆葉 —— 5～6 片
打拋葉 —— 1 把

調味料：

魚露 —— 1 匙
椰糖 —— 1 匙

作法：

1. 黑豬肉切條狀；長豆切段、卡菲爾萊姆葉撕掉葉脈後再撕成片，備用。另留一片卡菲爾萊姆葉切成細絲備用。

2. 起油鍋爆香紅咖哩醬，再下長豆與豬肉同炒到 8 分熟。

3. 豬肉 8 分熟時下萊姆葉翻炒一下即可魚露與椰糖調味。

4. 淋下魚露調味；再下椰糖，中和鹹味。

5. 起鍋前，將切成細絲的檸檬葉灑於豬肉上，即可盛盤。

綠咖哩炒豬肉

泰式料理中的「咖哩」，就是一種集多種香料的調味品。含多種綠色香草植物成份的綠咖哩醬，也很適合炒肉絲。這裡使用新鮮現做的綠咖哩醬，也可以購買如 All in one 的泰泰風綠咖哩醬。但若是泰國進口的市售綠咖哩醬因為是基礎醬，所以烹煮時請外加魚露、椰糖、卡菲爾萊姆葉及九層塔，才會夠味。

材料：

豬肉 —— 200 克
九層塔 —— 1 把
紅辣椒 —— 2 支

調味料：

綠咖哩醬 —— 2 大匙
糖 —— 少許

作法：

1. 豬肉切成長條狀，備用。九層塔、紅辣椒洗淨，辣椒切絲。

2. 起油鍋，炒香 2 大匙綠咖哩醬（自製綠咖哩醬請參照本書第 19 頁），炒勻後，放下豬肉同炒。

3. 豬肉逐漸炒熟的過程中，將紅辣椒、糖，放下調味。

4. 起鍋前，撒下九層塔後，熄火盛盤。

綠咖哩椰汁雞

「很多的香料集結在一起的調味」稱之為「咖哩」，泰國的咖哩運用的香料是帶著汁液的香草植物，做成「濕性的咖哩醬」。這道菜以「香草植物的咖哩醬」與椰漿一起烹煮，正是泰式咖哩的迷人之處。

材料：

雞胸肉 —— 1 塊
佛手瓜 —— 1 個
蛋茄 —— 3 個
珠茄 —— 1 串
綠辣椒 —— 3 個

調味料：

綠咖哩醬 —— 50 克
椰漿 —— 1 罐
椰糖 —— 1 匙
魚露 —— 1 匙
水 —— 400 克

作法：

1. 雞胸肉切片；蛋茄切成4片（切好馬上泡在鹽水防變褐色）；佛手瓜洗淨切塊；綠辣椒對切，備用。

2. 椰漿罐頭不要晃動，打開後撈取椰漿上層的濃奶油下鍋，以極小火煮到出油。

3. 綠咖哩醬（作法請參照本書第19頁或購買市售綠咖哩醬）下鍋炒香後隨即下雞胸肉略炒。

4. 加入剩下的半罐椰漿及 200 公克的水。

5. 放下珠茄、蛋茄及佛手瓜。

6. 同時以椰糖與魚露調味。

7. 起鍋前可加紅辣椒絲，增加味道及調色。

清邁麵

這道黃咖哩湯麵在清邁非常有名，因此大家都稱之清邁麵。

台灣有知名的連鎖泰菜餐廳集團另創品牌，也賣這碗清邁麵，是家排隊名店。可惜，少了最後那一撮酥炸的雞蛋麵，香氣較原作略遜一籌。

材料：

小雞腿 —— 3 隻
麵條 —— 1 人份
黃咖哩醬 —— 20 克
椰漿 —— 1 杯
酸菜 —— 適量
紅辣椒 —— 2 條
蔥 —— 1 支

調味料：

魚露 —— 1 匙
椰糖 —— 1 匙

作法：

1. 取 20 克黃咖哩醬下鍋炒香。

2. 下 3 隻小雞腿，以小火煎炒一下。

3. 將 1/2 杯椰漿倒入鍋中，與雞腿同煮。

4. 椰漿與咖哩醬和雞肉炒勻後，將剩下的椰漿入鍋，再加 500ml 的清水下鍋煮。

5. 起鍋前以魚露、椰糖調味。

6. 另起油鍋，將麵條放下去炸，炸熟即撈起，放在湯上。

7. 視個人口味，搭配香菜、蔥花、鹹菜、檸檬塊一起享用。

馬薩曼咖哩雞腿

馬薩曼咖哩在 2011 年獲美國有線新聞網（CNN）評選為「世界 50 大最佳美食排行榜」的榜首，是喜愛吃泰菜的吃貨不可錯過的。馬薩曼咖哩受穆斯林影響，使用大量的乾性香料，香氣濃郁，泰國文獻提到二世皇時期即傳到泰國皇宮，受到皇家的喜愛。如果使用台灣自製的馬莎曼咖哩醬，則只需要椰漿加咖哩醬同煮即可（所有的材料及調味都以 All In One）。

材料：

雞腿 —— 1 隻
馬薩曼咖哩醬 —— 2 匙
馬鈴薯 —— 1 個
洋蔥 —— 1 個
紫洋蔥 —— 1 個
花生 —— 10 粒
椰漿 —— 1 罐
水 —— 200 克

調味料：

魚露 —— 1 大匙
椰糖 —— 1 小匙
羅望子水 —— 1 大匙
豆蔻 —— 5 顆
丁香 —— 3 顆
肉桂 —— 1 段

作法：

1. 先將大雞腿放入水中氽燙備用。

2. 馬鈴薯洗淨切大塊、洋蔥切成片狀，備用。

3. 取一只鍋倒入半罐椰漿，與馬薩曼咖哩醬、200 克的水及雞腿，開小火慢煮（A 鍋）。

4. 依序下切大塊的馬鈴薯、洋蔥及豆蔻、丁香、肉桂、花生到 B 鍋同煮。

5. 加入剩餘的半罐椰漿續煮。

6. 雞腿軟熟，馬鈴薯也軟透吸飽湯味了。

7. 起鍋前以魚露、椰糖、羅望子水調味。

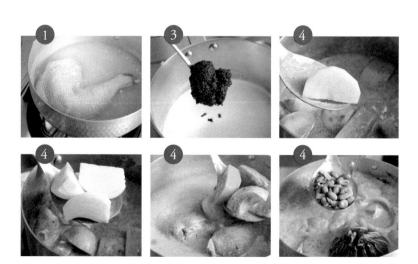

卡儂金南椏咖哩米線

「卡儂」是泰國人對輕食、點心或甜品的泛稱，「金」（因近似清朝的清）則是泰國人對中國的稱謂，因此就把早期由中國移民製作的麵線，稱為「卡儂金」（ขนมจีน）。而以「卡儂金」為主食，搭配的濃稠咖哩醬，在泰國稱作「南椏咖哩」。「南椏咖哩」充滿了手指薑的香味，雞胸肉經煮熟絞成蓉狀，會增加咖哩醬濃稠度，更加美味，成為最受歡迎的咖哩麵線。

材料：

卡儂金 —— 1 包
雞胸肉 —— 1/2 個

醬料材料：

香茅 —— 2 支
紅蔥頭 —— 10 瓣
蒜頭 —— 5 瓣
南薑 —— 40 克
乾辣椒 —— 20 克
卡菲爾萊姆果皮 —— 5 克
檸檬葉 —— 5 ～ 6 葉
手指薑 —— 60 克
水 —— 300 克

染色材料：

火龍果、檸檬 —— 各 1/2 個
蝶豆花 —— 5 個

調味料：

椰漿 —— 400 克
鹽 —— 1 小匙
魚露、糖 —— 各 1 匙

作法：

1. 起滾水鍋，把做醬的食材依序放入煮熟，煮滾。

2. 加入雞胸肉一起繼續煮到熟，撈起放涼。

3. 將放涼的材料，連同煮料的水倒入調理機，加上椰漿及調味料打成糜狀的雞肉咖哩醬備用。

4. 接下來將卡儂金染色，火龍果榨汁，蝶豆花取藍色汁液，各盛碗備用。卡儂金泡水軟化後，下鍋燙軟後撈起，分成幾撮，分別置入火龍果汁及蝶豆花汁中，很快即吸水上色，撈起整型後，置於盤中備用。

5. 食用時，雞肉咖哩醬淋上卡儂金即可。另可準備酸菜、辣椒、長豆、豆芽等配菜，擺盤。

酸咖哩蝦

湯裡的臭菜煎蛋會像海綿那樣吸附酸湯，煎熟轉成香氣的臭菜煎蛋，滋味很獨特，一口咬下去先蹦出酸香的湯汁，接續飄出內含臭菜的蛋香味。

泰國的咖哩粗分為有加椰奶的和無加椰奶的，這清湯酸咖哩是典型的泰北無椰奶咖哩。臭菜在泰國是經濟作物，目前台灣的雲南村都有栽種。

材料：

蝦子
青木瓜（佛手瓜或任何瓜類）
臭菜 —— 1 把
雞蛋 —— 3 個

醬料材料：

紅蔥頭 —— 5 瓣
蒜頭 —— 5 瓣
香茅 —— 2 支
辣椒乾 —— 3 條
蝦膏 —— 1 匙
蝦乾 —— 1 大匙

調味料：

魚露 —— 1 大匙
椰糖 —— 1 大匙
羅旺子 —— 2 大匙

作法：

1. 將紅蔥頭、蒜頭、香茅、辣椒乾、蝦膏、蝦乾等，切丁狀，一起搗碎、搗勻成醬。

2. 打 3 顆蛋在碗中，臭菜洗淨切段後，也放入碗中。

3. 起油鍋，煎臭菜蛋，煎好時切成塊狀，備用。

4. 先把作法 1 的醬料，用油爆香後加入 1000 克水，以中火煮。

5. 水煮開後，放進切成塊的青木瓜、長豆、玉米筍。

6. 最後下蝦子和臭菜蛋，加進魚露、椰糖和羅望子汁，水一滾即大功告成。

Thai Cuisine

Chapter 2

涼拌篇

泰國人受到天氣炎熱影響，
愛吃酸酸辣辣的料理，
飯桌上常有清涼舒爽的涼拌菜幫助開胃。
清爽的酸辣調味，
搭配青木瓜絲、肉絲、蝦仁…等簡單食材，
信手拈來就能做成夏季必備的涼拌菜。

涼拌米皮花捲

可食用的花卉種類很多，大體上注意灰塵等衛生條件即可。有些經濟栽培的食用花卉也需注意農藥的問題，例如玫瑰及茉莉，泰國境內對於花卉食用最多的吃法除了像這道菜一樣捲著吃之外，也會燙一燙涼拌，也常裹粉油炸後，配著醬汁食用。

材料：

米皮 —— 1 片
食用仙丹花 —— 適量
蝶豆花 —— 適量
蝦仁 —— 5～6 隻
雞蛋 —— 1 個
豬里肌肉 —— 100 克
黃瓜 —— 2 條
蘿蔓生菜 —— 5 片

調味料：

魚露 —— 1 匙
椰糖 —— 1 匙
檸檬汁 —— 1 匙

作法：

1. 蝦仁燙熟、豬肉燙熟切成細絲備用。

2. 雞蛋打散煎成蛋皮再切成絲備用，各式生菜洗淨備用。

3. 取一只略有深度的大盤子，盛水後放入米皮，快速泡過即取出攤在平坦的桌面上。

4. 將所有材料鋪在米皮的一邊，再以包春捲同樣的手法，將米皮包裹食材捲起，再將兩邊往內側包起來即成。

5. 將魚露、椰糖、檸檬汁調勻成醬汁，作為米皮花捲沾食用。

蝦醬佐時蔬

泰國人飲食習慣中，經常是一條炸過的魚，加上 1 碗糯米飯和一些生食蔬菜，就是營養美味的一餐了。而用蝦膏調味的蝦醬，正是泰國非常普遍使用在佐餐的蔬菜沾醬。製作蝦醬的原料中，蝦膏和魚露品牌眾多，成份口味各異，使用製醬時請視實際口味調整。

作法：

1. 蝦膏放在香蕉葉上，包成方形固定好，以乾鍋小火煨烤。

2. 紅蔥頭用乾鍋炒到外皮略焦，取出與蒜頭，拍打切碎。

3. 取一只碗，放進將蒜頭、辣椒和煨熟後的蝦膏，擠半顆檸檬，再放入椰糖，一起攪拌做成蝦醬。

4. 把所有的蔬菜洗切擺盤。

材料：

珠茄 —— 4 個
翼豆 —— 4 個
長豆 —— 1 條
凱花 —— 4 個
玉米筍 —— 4 支
秋葵 —— 4 個
小黃瓜 —— 1 個
香蕉葉 —— 1 片

調味料：

蝦膏 —— 1 大匙
蒜頭 —— 10 瓣
辣椒 —— 2 條
魚露 —— 1 匙
椰糖 —— 2 匙
檸檬 —— 1 顆

錦灑

「錦灑」是道有著東北和泰北清萊交融的溫沙拉。入口後首先蹦出來的氣味是「蓼菜」的氣味。蓼（音ㄌㄧㄠˇ）菜在台灣雖不難見，但由於飲食文化的差異，台灣人不太熟悉。這道菜源自泰國東北「依傘」地區，當地曾經生吃肉食，把豬肉和豬肝加入豬血後，雙刀使勁剁，再加上調味後配著糯米吃。後來這道菜傳至泰北及美斯樂，就演變成下鍋炒熟吃，台灣北中南的雲南村可以吃到，將這道家鄉語「剁肉」。

材料：

絞肉 —— 300 克
香茅 —— 2 支
青蔥 —— 2 支
薑 —— 1 塊
蒜頭 —— 4 瓣
蓼菜 —— 20 葉
刺芫荽 —— 2 葉
辣椒 —— 2 隻

調味料：

魚露 —— 1 大匙
糖 —— 適量

作法：

1. 將香茅、青蔥、薑、蒜頭、蓼菜和刺芫荽等材料，洗淨後切碎。

2. 絞肉加上作法1的材料一起，剁得更細，同時能充分混合。

3. 起油鍋，將所有材料放進鍋中加一點點水炒熟。

4. 見絞肉熟透即可起鍋裝盤。

芭蕉花涼拌

根據台灣香蕉研究所的研究指出，芭蕉花的營養數倍於香蕉，泰國人的說法是有促進乳汁分泌的特殊功效。但在台灣除了越南新移民之外，本地人可能因為不知如何食用，鮮少有人購買。泰國人將芭蕉花的嫩莢取下食用，成為高檔餐廳「泰式炒粿條」的配菜。

材料：

芭蕉花 —— 1 顆
豬里肌 —— 1 塊
香茅 —— 1 支
芫荽 —— 1 把
辣椒 —— 2 支

調味料：

椰糖 —— 2 大匙
魚露 —— 2 大匙
檸檬 —— 2 顆

作法：

1. 取 1 顆檸檬，擠汁與椰糖和魚露攪拌作為醬。

2. 取另 1 顆檸檬擠汁加一點水置於碗裡，芭蕉花只取嫩莢，泡在檸檬汁裡，切細條備用（仍泡在檸檬水裡）。

3. 豬里肌燙熟撕成細絲備用。

4. 芫荽切碎，香茅切薄片，再將辣椒切碎備用。

5. 鋪上豬里肌肉絲，淋上醬汁，並將所有的備料一起拌勻。

棉康

這道菜使用了查普葉（泰文 ชะพลู），包裹著各式辛香料，就成了雅俗共賞的「棉康」，在高檔餐廳以精緻擺盤呈現，品嘗起來很優雅；或者在街邊小攤購買，捲成串著邊走邊吃也行。

材料：

香茅 —— 3 支
紅蔥頭 —— 10 瓣
檸檬 —— 1 顆
蝦乾 —— 20 隻
紅綠辣椒 —— 各 10 隻
薑 —— 1 大塊
烤過的椰絲 —— 2 大匙
烤過的花生 —— 適量
查普葉 —— 20 葉

調味料：

椰糖 —— 300 克
蝦膏 —— 30 克
魚露 —— 20 克
椰絲 —— 1 大匙

作法：

1. 乾鍋小火炒香椰絲及剁的細碎的香茅備用。

2. 取鍋加入椰糖與魚露小火煮融之後，加入蝦膏及魚露即成淋醬。

3. 將所有的食材依特性切成小丁或薄片之後擺盤備用。

4. 食用時取用查普葉包進所有食材淋上醬汁即可食用。

涼拌三文魚

我在泰國亞洲食品展看到漁業食品大廠，用這道菜大量提供參觀人士試吃，味道很棒，是一道非常簡單又健康的泰式涼拌料理。不知是否是因為泰國食品廠為行銷所創造出來的菜餚？建議大家取出魚肉的空罐先勿丟棄，將作好的涼拌三文魚放回空罐裡塑型後倒出，搭配聖女小番茄、香菜擺盤，還可增加視覺效果。

作法：

1. 香菜洗淨，切碎；紅蔥頭去皮，切丁；紅辣椒切丁。備用。
2. 從鮭魚罐頭取出魚肉，放入碗中。
3. 將香菜碎、紅蔥頭丁、紅辣椒丁，也放入碗中。
4. 淋下魚露，將碗中食材攪拌均勻即可。

材料：

鮭魚罐頭 —— 1 罐
紅蔥頭 —— 10 瓣
香菜 —— 1 把
小辣椒 —— 3 隻

調味料：

魚露 —— 1 大匙

涼拌炸豆腐

這道涼拌炸豆腐的泰語發音是「Yum tofu tal」，「tofu」是直譯自「豆腐」的發音，是典型受華人影響的泰式料理。華人移民泰國，教會了泰人做豆腐，把豆腐炸的酥酥的，如同台灣吃炸臭豆腐的概念。不同的是泰國人改以再檸檬椰糖做調味，那種酸酸甜甜又酥香的滋味，就是道地的泰國味。

材料：

板豆腐 —— 1 個
香菜 —— 1 把
蒜頭粒 —— 1 顆
辣椒（配色）

調味料：

椰糖 —— 1 匙
魚露 —— 1 匙
檸檬汁 —— 10 克

作法：

1. 板豆腐切成一口適用的四方塊狀。

2. 起油鍋，豆腐下鍋油炸後轉中火。

3. 外表呈金黃色時，轉大火後，迅速撈起，瀝油後備用。

4. 香菜切段、蒜頭和辣椒拍扁切丁，撒在炸豆腐上。

5. 以椰糖、魚露、檸檬汁一起拌勻，淋在炸豆腐上即可上桌。
   （也可灑上一把拍碎的炒米香更讚）。

涼拌冬粉

這道菜的泰文名稱中，有個「ยำ」（音同 YUM），這個字翻譯成涼拌的話，那整句的意思是「涼拌冬粉」，雖說是冬粉，但配菜可以很豐富，除了蝦子以外，還可以拌入肉末或梅花肉片。最特別的是，用了天然染料蝶豆花為冬粉染色，讓享用的人眼睛為之一亮。

材料：

冬粉 —— 1 束

豬里肌肉 —— 50 克

蝦子 —— 6 隻

紫洋蔥 —— 1/2 顆

香菜 —— 1 把

蝶豆花 —— 5 個

檸檬 —— 1/2 顆

調味料：

魚露 —— 1 大匙

椰糖 —— 1 匙

檸檬 —— 1 顆

辣椒絲 —— 少許

作法：

1. 冬粉泡軟燙熟待冷，放進蝶豆花汁液中染色。

2. 豬里肌、蝦子汆燙，鋪放在冬粉上。

3. 將洗過的香菜、紫洋蔥圍繞盤邊。

4. 淋上魚露、椰糖和檸檬汁作成的醬汁，點綴少許辣椒絲配色，讓顏色更美也增添風味。

涼拌青木瓜

用菜刀削青木瓜時，刀起刀落之間，因為使力有輕有重，削下來的木瓜絲就會有粗有細。粗的是吃它的脆，細的是吃它蘸滿醬汁的味。若不熟菜刀削法，泰國市面上也有青木瓜專用刨刀，要注意的是，木瓜絲不要過長，因為鹹的魚露很快會把木瓜絲的水份帶出來，過長的木瓜絲會像醃泡菜一樣濕水之後軟塌下來，視覺上就不太好看了。

材料：

青木瓜 —— 1 顆
米線 —— 1 束
長豆 —— 2 條
小番茄 —— 5 顆
蝦米 —— 1 大匙
蒜頭 —— 5 瓣
辣椒 —— 2 根
刺芫荽或香菜 —— 適量

調味料：

檸檬汁 —— 2 大匙
椰糖 —— 2 大匙
魚露 —— 2 大匙
羅望子水 —— 1 大匙

作法：

1. 青木瓜去皮，用刀鋒在青木瓜上輕輕剁畫，刀起刀落剁切出豎的條絲，再以削的方式橫著刨切下木瓜絲。

2. 木瓜絲不必太長，才會吃起來口感脆。

3. 米線泡水煮熟，長豆切段用刀背拍扁備用，小番茄一切為四備用。

4. 蒜頭、蝦米、辣椒依序搗碎、香菜切細小段備用。

5. 將青木瓜絲與作法 4. 和作法 3. 混合均勻後，調入椰糖、魚露、檸檬汁及羅望子水即可。

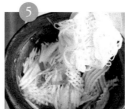

涼拌柚子沙拉

這柚子沙拉有另一種版本的作法，就是以泰式辣椒膏加上椰漿調味。泰式辣椒膏的成份有蔥頭、蒜頭、辣椒和羅望子…等，各家廠牌的辣椒膏口味都有差異，拌起來的視覺比較黑，但口味也不錯。

材料：

柚子 —— 1 顆
鮮蝦 —— 3 隻
雞胸肉 —— 半塊
辣椒 —— 1 隻
芫荽 —— 少許
紅蔥頭 —— 10 瓣
椰絲 —— 2 大匙

調味料：

椰糖 —— 1 大匙
魚露 —— 1 大匙
檸檬汁 —— 1 大匙

作法：

1. 椰絲乾鍋炒香備用，紅蔥頭下油鍋炸成蔥頭酥備用。
2. 鮮蝦和雞胸肉燙熟切絲備用。
3. 香菜切小段，辣椒切絲，備用。
4. 柚子剝去外皮取出果肉備用。
5. 將所有的食材在容器裡拌勻。
6. 調味料合而為一淋上再拌勻即可。

涼拌米線

這道涼拌菜作法簡單，備料也不複雜，很適合做為咖啡輕食館的菜單。

材料：

米線 —— 1 束
紅蔥頭 —— 5 瓣
辣椒 —— 1 支
青蔥 —— 1 支
蝦乾 —— 50 克
刺芫荽 —— 少許
九層塔 —— 少許
蝶豆花 —— 少許
檸檬 —— 1 顆

調味料：

魚露 —— 1 匙
椰糖 —— 1 匙
檸檬汁 —— 1 匙

作法：

1. 蝶豆花泡水取出藍色汁液，滴幾滴檸檬汁，在酸鹼度不同的狀態下，產生變色效果，蝶豆花水變成紫色。

2. 取一只鍋，加水煮沸，放下米線，煮熟撈起，放入蝶豆花水中染色，上色後即可撈出擺盤。

3. 乾鍋炒蝦乾，炒熟起鍋，用搗缸磨成粉狀，做為配料。其他搭配的食材如刺芫荽、九層塔、青蔥……等，洗淨後切成絲狀，放在盤子旁，作為食用配菜。

4. 上桌時，搭配以魚露、椰糖、檸檬汁拌勻的醬汁品嘗。

涼拌綜合海鮮

這是泰國涼拌菜的入門款，魚露、椰糖、檸檬汁則是最基本的調醬。有時候會吃到很深沉的醬汁，那是因為在醬汁裡面多加了搗碎的香菜根，有時則是多加了搗碎的醃蕎頭而成生成的味道。

材料：

蝦仁 —— 10 隻

花枝 —— 1 隻

草菇 —— 10 顆

芹菜 —— 2 支

香菜 —— 1 把

小番茄 —— 5 個

紫洋蔥 —— 1/4 顆

調味料：

魚露 —— 1 匙

椰糖 —— 1 匙

檸檬 —— 1/2 個

作法：

1. 花枝切片、小番茄對切、芹菜切段、紫洋蔥切薄片、香菜切碎，備用。

2. 花枝與蝦仁下鍋汆燙，撈起放入碗內。

3. 將小番茄、芹菜、草菇、紅洋蔥依序放入碗內。

4. 淋上魚露、椰糖、檸檬汁調勻製成的醬汁，拌一拌即完成。

泰北涼拌拉肉

這是一道微溫的沙拉，也是很經典的泰北菜，味道多層次，與泰北邊境常見，有著泰東北血統的「錦灑」，在烹煮方法相似，乾鍋小火煨熟後加入大量的香草植物拌一拌的菜餚。泰語名稱「Laab Moo」，Laab，是東北依傘地區的方言，我求教泰國學者，答覆說是「很多東西匯集在一起」，「Moo」是豬肉 ，也可以用雞肉末來做，其中炒米香千萬別省略，但米香會吸引，不能拌太久。

材料：

雞胸肉 —— 1 塊
糯米 —— 1 小碗
紅蔥頭 —— 10 瓣
芫荽 —— 1 棵
香茅 —— 2 支
乾辣椒 —— 1 大匙
薄荷葉 —— 10 片

調味料：

椰糖 —— 3 大匙
魚露 —— 3 大匙
檸檬汁 —— 3 大匙

作法：

1. 糯米不經水洗，直接以乾鍋小火慢炒，炒到米心脹起來，像是台式爆米花，炒到熟大約 30 分鐘，冷卻後以刀背拍碎備用。

2. 紅蔥頭去頭尾切薄片備用。

3. 香茅只取嫩莖，切薄片備用。

4. 乾辣椒切碎、香菜和紅蔥頭切薄片，備用。

5. 雞胸肉剁成細小丁備用，以乾鍋加 1 小匙水小火炒熟雞胸肉。

6. 依序放下香茅、乾辣椒碎、香菜、紅蔥頭片和薄荷葉。

7. 加進椰糖、魚露、檸檬汁等調味料，最後撒上炒米香，在鍋內拌勻即盛盤。

Chapter 3

炸烤篇

四面被海洋包圍的泰國，

海鮮資源豐沛，炸烤也成了常見烹調的手法之一。

從咖哩螃蟹、香蘭雞、各式魚餅、沙嗲等，

加上精心調配的各式沾醬，

就成了最精彩的泰式料理。

酥炸香蘭雞

「香蘭葉包雞」是很出名的料理，取香蘭葉附著在雞肉上的香氣為勝，只是在包裹雞肉的手續上稍微費時，因此把雞肉醃好與香蘭葉同炸也有異曲同工之效。

材料：

雞胸肉 —— 300 克
香蘭葉 —— 5 片
香菜根 —— 2 棵
蒜頭 —— 3 瓣
芫荽子 —— 1 大匙

調味料：

蠔油 —— 1 湯匙
醬油 —— 1 湯匙
糖 —— 1 湯匙
胡椒 —— 1 茶匙
芝麻油 —— 1 湯匙

作法：

1. 取一只鍋，乾鍋炒香菜根、芫荽子、白胡椒粒等香料後剁碎備用。將作法 1. 與所有的調味料拌勻即成醃肉的醃醬。

2. 將雞胸肉切成塊狀，用調味醃醬醃製靜置 20 分鐘。

3. 取一片香蘭葉，摺成三角狀，放進雞肉，前後交摺包裹成三角形，放進油鍋裡炸。

4. 這裡要示範的是簡單的作法，將香蘭葉切成小段，熱油鍋，先以香蘭葉試油溫，冒起小泡時，即可準備下雞肉油炸。

5. 將醃過的雞肉加太白粉水，可避免沾黏，放入油鍋中油炸。

6. 雞肉下鍋後隨即撒下香蘭葉同炸，如同台式鹽酥雞起鍋前撒九層塔一樣，取其香氣。

7. 炸熟的雞肉和香蘭葉，濾去多餘的油，一起盛盤食用。

鮮蝦醬羅望子汁

這道菜好似台版的糖醋蝦。羅望子大致分為兩種，大果羅望子和小果羅望子。大果品種果肉較甜，像是台灣的龍眼一樣，可以直接剝下果肉食用，常被拿來加工做成各式甜品，例如軟糖及蜜餞；小果品種果肉比較酸，會被拿來做為加工成食品廠的原料。每年羅望子產季時，量販店會進口販售的就是大果品種。選購時要注意避免拿到表殼破損的，會有發霉疑慮。

材料：

鮮蝦 —— 10 隻
紅蔥頭 —— 5 瓣
蒜頭 —— 5 瓣

調味料：

椰糖 —— 3 大匙
羅望子水 —— 3 大匙
魚露 —— 2 大匙

作法：

1. 紅蔥頭、蒜頭爆香。

2. 用紅蔥頭、蒜頭爆香的油，一起炒鮮蝦，炒熟後，撈起備用。

3. 陸續將魚露、椰糖、羅望子水一起下鍋與蝦同煮，煮至溶化。

4. 將煮融的醬汁淋上蝦身即成。

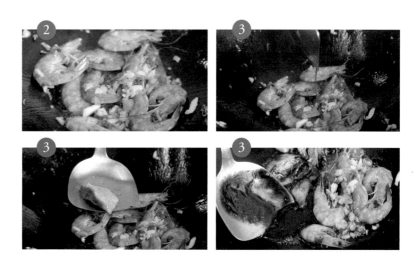

炸米粉

這道菜的泰國名稱是「MEE KROB」，是酥炸米麵的意思，經常出現在傳統市場，現炸現賣，裝在便當盒裡讓客人帶走，也可以加一點花生碎，再多加一點糖，有點像咱台灣的「沙奇瑪」作法，曼谷四季及團酒店；曼谷四季酒店則將其整型成塊狀，經過精美包裝當成伴手禮販賣。在這裡加少許薑黃粉，讓顏色漂亮也可增加香氣。

材料：

米粉 —— 1/2 包（約 140 克）

豆腐乾 —— 1 塊

雞肉 —— 50 克

紅蔥頭 —— 3 瓣

雞蛋 —— 1 個

調味料：

羅旺子醬 —— 2 大匙

魚露 —— 1 大匙

椰糖 —— 2 大匙

薑黃粉 —— 1 匙

作法：

1. 豬肉剁碎，豆腐乾切小丁，紅蔥頭切薄片，備用。

2. 以稍微多一點的油起油鍋，炸酥紅蔥及豆腐乾後，撈起備用。

3. 雞蛋打散下鍋，用鍋鏟以圓周式炒散雞蛋直到冒泡，才會飄出蛋香。

4. 雞蛋不用撈起，把豬肉下鍋炒熟隨即下豆腐乾及紅蔥頭酥，下一匙薑黃粉。

5. 以羅旺子、魚露、椰糖混合調味後，置放在鍋子裡等炸米粉。

6. 另起油炸鍋，將米粉下鍋炸酥撈起。

7. 將炸酥的米粉放進炒鍋，與炒好的料快速攪拌。

8. 佐以韭菜及豆芽菜，盛盤上桌。

泰式雙味沙嗲烤肉串

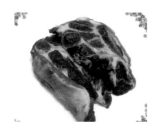

材料：

豬梅花肉 —— 600 克

（豬肉較有油脂）

醃肉醬：

咖哩粉 —— 4 克

魚露 —— 1 大匙

老抽醬油 —— 2 茶匙

蠔油 —— 2 匙

香茅 —— 2 支

蒜頭 —— 5 瓣

紅蔥頭 —— 5 瓣

香菜根 —— 3 隻

胡椒粒 —— 10 顆

芫荽子 —— 少許

煉乳 —— 2 匙

（或椰漿 3 大匙）

作法：

1. 乾鍋炒香茅、蒜頭、紅蔥頭、芫荽子、胡椒粒，起鍋。

2. 將乾鍋炒過的材料放進搗缸中搗碎，加上魚露、醬油、蠔油、椰漿，調和成醃肉醬。

3. 梅花肉切塊，串起，放進醃肉醬裡，醃至少 30 分鐘。

4. 另起一鍋，將沾醬 1 的材料放進鍋裡煮，煮到收汁，有香氣口感也好，也可作為沙拉醬或涼麵醬。

5. 醃好後，鍋內放油，將肉串放進鍋裡烤。

6. 邊烤（煎），邊刷椰漿。椰漿遇熱後，會慢慢變透明狀的椰油。

7. 烤到肉的表皮呈金黃色，熟了，便可擺盤上桌。

沾醬 1：

椰漿 —— 250 克	羅望子醬 —— 1 匙	花生粉 —— 5 匙
椰糖 —— 10 克	帕能咖哩 —— 1 匙	
魚露 —— 1 匙	花生醬 —— 2 匙	

沾醬 2： 冷開水、砂糖、少許鹽，放在小火煮滾，冷了成濃稠狀。

香茅咖哩串蝦

若不喜歡油炸，也可以入油鍋乾煎至熟，也不失美味。這道菜可以更換成雞胸肉，一樣好吃。

材料：

鮮蝦 —— 5 隻
香茅 —— 5 支
咖哩粉 —— 1 匙

調味料：

椰糖 —— 1 匙
魚露 —— 1 匙
金山醬油 —— 1 匙

作法：

1. 取 3 隻香茅切成 3 公分長備用，另 2 隻香茅拍打後切碎。

2. 香茅碎、咖哩粉、魚露、醬油、椰糖等充分攪拌成醃醬備用。

3. 蝦子剝殼除去腸泥，以醃醬抓勻靜置 10 分鐘。

4. 以切成段的香茅，一隻香茅串過一隻蝦備用。

5. 起油鍋將香茅串蝦下鍋炸熟，即成令人吮指回味的香茅鮮蝦串。

泰式魚餅

魚餅在泰國是很容易見到的街頭小吃，隨處都可以看到小吃攤現炸現賣，熱呼呼的很好吃，甚至餐館也會出現這道菜，稱得上泰國的國民經典小吃，作法不難，一定要學。若是購買市售魚漿，請買沒有調味的原漿或沒有加太白粉及蛋的魚漿。

材料：

魚漿 —— 200 克
翼豆（或長豆）—— 5 個
雞蛋 —— 1 顆
卡菲爾萊姆葉 —— 6 片
紅咖哩醬 —— 5 克
太白粉 —— 1 大匙

沾醬：

醃漬梅 —— 適量
鹽 —— 少許
麥芽糖 —— 適量

作法：

1. 卡菲爾萊姆葉切細絲、翼豆切細丁、雞蛋打散備用。

2. 魚漿和紅咖哩醬、雞蛋、太白粉，加點冰水攪勻。

3. 魚漿整形成小圓餅狀，下鍋油炸至熟。

4. 醃漬梅、鹽、麥芽糖一起放進果汁機打勻後，煮開，放涼後即可作為泰式魚餅沾醬。

香茅魚餅

買現成的旗魚漿做這道菜,不但容易上手,同時方便又好吃。與越式料理的甘蔗蝦有異曲同工之妙,吃完魚餅和咀嚼香茅,香氣漫溢口中,芬香有滋味。

材料:

原味旗魚漿 —— 300 克
香茅 —— 5 支
卡菲爾萊姆葉 —— 5 片
紅咖哩醬 —— 20 克

調味料:

糖 —— 20 克
魚露 —— 20 克

作法:

1. 卡菲爾萊姆葉切細絲、翼豆切細丁、雞蛋打散備用。

2. 魚漿和紅咖哩醬、雞蛋、太白粉,加點冰水攪勻。

3. 香茅頂切成十字狀,才能抓住魚漿不鬆掉。

4. 將魚漿包覆香茅,稍微在手心上整形。

5. 起油鍋,將香茅魚漿下鍋油煎至熟即可擺盤上桌。

魚蛋魚餅

鳥蛋魚餅是來自在泰式魚餅的變化，因為多了鳥蛋，食用時更有飽足感。有時，也可包進一整顆白煮蛋，有點像咱台灣東港的名產「包蛋旗魚黑輪」。

材料：

魚漿 —— 200 克

翼豆（或長豆）—— 5 個

雞蛋 —— 1 顆

鳥蛋　　5 顆

卡菲爾萊姆葉 —— 6 片

紅咖哩醬 —— 5 克

太白粉 —— 1 大匙

沾醬：

醃漬梅 —— 適量

鹽 —— 少許

麥芽糖 —— 適量

作法：

1. 卡菲爾萊姆葉切細絲、翼豆切細丁、雞蛋打散備用。

2. 魚漿和紅咖哩醬、雞蛋、太白粉，加點冰水攪勻。

3. 取一匙魚漿在掌心抹成扁狀，包入鳥蛋後，整成圓形。

4. 放入油鍋油炸，外皮呈金黃色，即可用筷子戳戳，若不黏筷，即可撈起。

5. 醃漬梅、鹽、麥芽糖一起放進果汁機打勻後，煮開，放涼後即可作為泰式魚餅沾醬。

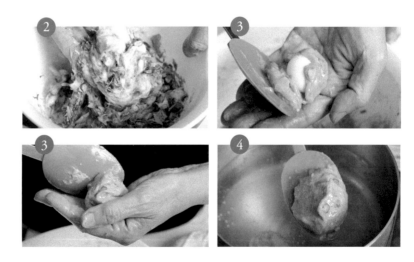

酥炸鮮魚醬羅望子汁

這道菜也可以用整條魚油炸，或則帶殼的大蝦，作法相同。

材料：

鱸魚 —— 2 塊
長豆 —— 1 條
卡菲爾萊姆葉 —— 5 片
香茅 —— 2 支
香菜 —— 2 支
蒜頭 —— 5 瓣
紅蔥頭 —— 3 瓣
花生粒（可買現成）
辣椒乾 —— 1 把

調味料：

羅望子水 —— 2 大匙
椰糖 —— 2 大匙
魚露 —— 2 大匙
冷開水 —— 2 大匙

作法：

1. 將鱸魚洗淨，擦乾水分，魚身抹少許太白粉；紅蔥頭切片備用。

2. 起油鍋，魚塊放入鍋中，以中火炸酥後，撈起備用。

3. 另取一只鍋，紅蔥頭片炸香，加入椰糖和羅望子水魚露及水煮到融化。

4. 長豆切丁，萊姆葉撕下葉脈再撕成片，放進作法 3 的醬汁中一起翻炒做成調味汁。花生粒放下油炸，備用。

5. 將炸好的魚撈起，淋上調味汁，撒上炸花生即可享用。

泰式檸檬葉炸蝦

這是非常典型的下酒菜，鹽巴不融於油，所以起鍋時才外加，也可灑點胡椒粉。

材料：

鮮蝦 —— 300 克
香茅 —— 4 支
檸檬葉 —— 10 葉
乾辣椒 —— 1 把

調味料：

鹽 —— 少許

作法：

1. 買回來的鮮蝦，因為蝦眼含水分，避免爆掉、蝦鬚油炸會酥掉，因此洗淨後剪去前端硬刺、眼睛與蝦鬚。

2. 香茅用刀背拍碎，橫切成片；檸檬葉洗淨，撕去葉脈備用。

3. 起油鍋，放下鮮蝦油炸至 8 分熟時放進香茅、檸檬葉和乾辣椒。

4. 香氣四溢時蝦已酥香，即可撈起灑點鹽巴即可食用。

甜酥魚

這道菜的作法近似台式鹽酥雞，檸檬葉與九層塔有異曲同工之妙，增加香氣。
但因泰國人喜歡甜、辣，因此調味料以鹽和砂糖為主。

作法：

1. 起油鍋，將扁魚乾和乾辣椒一起油炸。

2. 扁魚乾炸到酥脆，撒下檸檬葉增加香氣。

3. 起鍋時，趁熱灑糖和鹽，拌一拌即可。

材料：

扁魚乾 —— 300 克
檸檬葉 —— 4 片
乾辣椒 —— 適量

調味料：

砂糖 —— 1 大匙
鹽 —— 少許

蝦捲麵條

這道料理在泰國有食品廠業者大量生產，冷凍販賣。在家自己做時，可以盡量選用高筋麵粉做的麵條，比較不會纏到一半斷掉。選用雞蛋麵，油炸時可呈現金黃顏色，更吸引人。

材料：

鮮蝦 —— 300 克
細麵條 —— 300 克

調味料：

香菜根 —— 適量
市售甜雞醬 —— 適量

作法：

1. 鮮蝦洗淨後，因頭部富含水分，為了避免油炸時爆掉，先剪去頭部，剝殼，留蝦尾，備用。

2. 用細麵條繞在剝殼後的帶尾蝦仁上。

3. 起油鍋，將纏繞著細麵的蝦入油鍋，以中火油炸。

4. 見麵條蝦外表炸至金黃色，炸酥，即可熄火撈起瀝去油分。

Chapter 4

蒸煮篇

在氣候炎熱的環境中，
蒸煮的料理如湯品等，
讓人在食用後汗流浹背，促進血液循環，
將體內的熱氣、燥氣排出體外，降溫排毒，
成了泰國人熱愛蒸煮料理的原因之一了。

紅咖哩海鮮蒸蛋

這道菜在泰國的餐廳裡吃得到，街頭攤食也很普遍，稱得上是雅俗共賞。有趣的是，攤販會在攤位上擺好一大桶調好的蛋液，隨蒸隨賣，專攻外帶。

材料：

原味魚漿 —— 100 克

花枝 —— 1 隻

蝦仁 —— 10 隻

鱸魚片 —— 1 片

紅咖哩醬 —— 20 克

椰漿 —— 200 克

雞蛋 —— 2 個

卡菲爾萊姆葉 —— 6 葉

九層塔 —— 20 葉

紅辣椒 —— 2 條

調味料：

魚露 —— 6 克

糖 —— 10 克

蠔油 —— 2 克

作法：

1. 準備香蕉葉，折成四方形容器，作為蒸蛋使用。

2. 所有材料先洗淨，花枝切成條狀、魚片切成塊狀，備用；卡菲爾萊姆葉、九層塔切細絲，備用；紅辣椒洗淨去籽切絲泡水備用。

3. 將雞蛋打勻後，放入紅咖哩醬，續放入魚漿、椰漿，一起攪拌均勻。以濾網過篩蛋液之後加進魚露、糖和蠔油調味。

4. 撒下卡菲爾萊姆葉、蝦仁、花枝、魚片等材料，加蛋液裡，再攪拌均勻。

5. 取香蕉葉容器或家用玻璃可高溫蒸煮的容器，置入含滿海鮮料的蛋液後，放入蒸籠蒸 20 分鐘，取出，撒上辣椒絲及卡菲爾檸檬細絲即可食用。

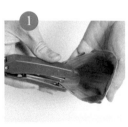

甜豬肉

這道菜的作法源自中國的「滷」，只是變化成用椰糖加味。品嘗辣味十足的泰國菜，當辣到幾乎無法入口時，可以吃一口糖緩解辣度帶來的刺激，也因此這種很甜的甜豬肉符合泰國人的口味，自然就被歸類為泰國菜了。

材料：

三層肉 —— 300 克
水 —— 100 克
紅蔥頭 —— 5 ～ 6 瓣
沙拉油 —— 2 大匙

調味料：

椰糖 —— 4 大匙
醬油 —— 1 大匙
老抽醬油 —— 1 大匙

作法：

1. 起油鍋，紅蔥頭爆香。

2. 三層肉煸炒到豬肉表面有點焦焦的。

3. 醬油及老抽及椰糖下鍋小火煮到糖融化。

4. 水下鍋，豬肉開始上色，用極小的火蓋鍋煮到收汁。

5. 醬汁濃郁、濃稠的甜豬肉就可以上桌了。

沙庫賽母

「沙庫賽母」在泰語中，SaKu 是「西谷」、Sai 是「包進去」、 Mo「是豬肉」。各家西谷米的澱粉含量略異，淋水的份量請自酌。一次可以做很多冷凍保存，食用前從冰箱拿出，不需退冰直接蒸熟即可。搓揉西谷米作粿體時不要過度用力，讓它能黏著即可，這樣蒸出來的成品才能保有中心點一個小白點更漂亮。

作法：

1. 將熱開水，淋在 100 克的西谷米上後拌勻，蓋鍋靜置 2 小時（勿用滾燙熱水沖淋，會瞬間表面熟成糊化，影響吸水）。

2. 2 小時後將淋過溫水的西谷米揉成粿體備用。

3. 豬瘦肉或雞胸肉剁成糜狀細肉末，備用：蒜頭、蔥頭、香菜根、蘿蔔乾都切成細末。

4. 蒜頭、蔥頭、香菜根、蘿蔔乾依序下鍋爆香，豬肉末下鍋炒到有香氣，再加進調味料，調味之後再下花生粉收汁，後起鍋。待冷後將餡料捏成圓球狀備用。

5. 取一小團西谷米團壓扁，包入內餡。再搓揉成圓球狀。

6. 自製蒜酥油，起油鍋約 100 度時投入蒜末炸到鍋面氣泡很小時，即撈起待涼備用。

7. 西谷米團包裹肉餡下鍋蒸，蒸的時候底部可襯蒜酥油。

8. 上桌時淋上蒜酥油和香菜。

材料：

• 皮料：

西谷米 —— 100 克

熱開水 —— 120 克～150 克

• 餡料：

豬肉末（或雞胸肉）
—— 300 克

香菜根 —— 3 根

蔥頭 —— 20 克

蒜頭 —— 20 克

蘿蔔乾 —— 50 克

醬油 —— 1/2 湯匙

蝦乾 —— 20 克

花生粉 —— 100 克

調味料：

魚露 —— 30 克

糖 —— 60 克

鹽 —— 5 克

胡椒粉 —— 少許

蒸檸檬魚

一般餐廳常見的檸檬魚都是整條魚去蒸，考量到有不少家庭人口少，所以這次改以切塊魚來烹調；但蒸魚之前，仍要先滾水汆燙，以除去魚隻的血水與腥味。

材料：

鱸魚切塊 —— 3 塊
（或鯛魚）
蒜頭 —— 3 瓣
辣椒 —— 2 支
香菜 —— 1 小撮

調味料：

椰糖 —— 3 大匙
魚露 —— 3 大匙
檸檬汁 —— 3 大匙

作法：

1. 蒜頭、辣椒剁末，香菜切小段備用。

2. 椰糖、魚露、檸檬汁調勻備用。

3. 將蒜頭、辣椒及香菜置入作法 2 調勻的醬汁，備用。

4. 燒一鍋水，水開時將魚隻洗淨置盤下鍋蒸。

5. 用筷子插入魚身測試是否熟透。

6. 起鍋，將蒸魚的時候，鍋子裡從鍋蓋落到蒸魚盤上的蒸魚水丟棄。

7. 趁熱將剛調好的醬汁，淋到蒸好的魚身上，即可盛盤端上桌。

東北酸辣排骨湯

如果有機會去清邁吃到這道料理，運氣好的話會吃到高山野菇入菜，湯頭又酸、又辣，還會散發出天然植物的香氣。

材料：

排骨 —— 300 克
蘑菇 —— 4 個
紅蔥頭 —— 10 瓣
南薑 —— 1 塊
香菜根 —— 2 個
乾辣椒 —— 10 個
香茅 —— 4 支
卡菲爾萊姆葉 —— 5 葉

調味料：

魚露 —— 1 匙
羅望子水 —— 1 匙
糖 —— 少許

作法：

1. 排骨洗淨、蘑菇洗淨剖半、南薑切片、香茅斜切成段，備用。

2. 取一鍋水放到爐火上煮開，先放下排骨。

3. 續放紅蔥頭、南薑片、香茅段、乾辣椒、香菜根等入湯熬煮，最後放下蘑菇。

4. 湯滾放下魚露、羅望子水調味，撒下卡菲爾萊姆葉，散發出酸辣味道時，即可起鍋。

沙梨橄欖梅花肉湯

沙梨橄欖原產地在太平洋諸島，也有人稱它為莎梨、太平洋橄欖或南洋橄欖，四季常綠。果實產期約在8月中旬以後開始成熟，採收期可至11月。在南洋常見的食用法是煮成酸湯，在台灣則最常見到的是漬鹽去澀後蜜糖當零食吃。其實作為料理的入菜也非常適合，果肉含有很多粗纖維，對幫助消化很有助益。

材料：

沙梨橄欖 —— 10 顆
黑豬梅花肉 —— 300 克
香菜根 —— 2 個
紅蔥頭 —— 5 瓣
秋葵 —— 2 個
翼豆 —— 2 個
乾辣椒 —— 10 個
莿芫荽 —— 1 小把

調味料：

魚露 —— 1 大匙
糖 —— 1 大匙

作法：

1. 所有材料洗淨後，梅花肉切塊、秋葵斜切、沙梨橄欖對半切、翼豆洗淨切段、紅蔥頭去皮。

2. 起水鍋，沙梨橄欖下鍋煮滾。

3. 梅花肉和紅蔥頭、辣椒乾、翼豆和秋葵一起下鍋。

4. 沙梨橄欖的酸味一出，加魚露和糖調味，即可起鍋。

5. 最後撒上莿芫荽，端上餐桌。

嫩南薑煮雞湯

南薑通常是種植 2 年即可熟成採收，如果煮這道雞湯時可採用 1 年的嫩南薑，味道的呈現特別清香，就像台灣煮鮮魚湯用嫩薑，煮麻油雞則用老薑母的概念。這道湯在泰國是非常普遍且受歡迎的湯。椰漿不要滾太久，會失去香氣。

材料：

雞肉 —— 300 克
嫩南薑 —— 1 大塊
香茅 —— 1 支
檸檬 —— 1 顆
秀珍菇 —— 2 個
紅蔥頭 —— 5 瓣
卡菲爾萊姆葉 —— 5 葉
辣椒乾 —— 2 ～ 3 隻

調味料：

魚露 —— 2 大匙
椰漿 —— 200 克
水 —— 400 克

作法：

1. 嫩南薑切片。香茅切段拍碎，雞胸肉切片備用。

2. 起水鍋，將香茅、南薑片、辣椒乾下鍋煮。

3. 水鍋滾開之後下，雞肉片下鍋續煮。

4. 卡菲爾萊姆葉下鍋（葉子撕去葉脈，味道才能散發出來）。

5. 椰漿下鍋，續下秀珍菇（或其他喜歡的菇類）及紅蔥頭。

6. 起鍋前再下檸檬汁，再以魚露、椰糖、調味。

7. 湯滾時，撒下香菜，即可關火，準備上桌。

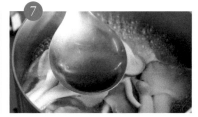

泰式鮮椰燉雞

這道菜也可以用電鍋烹調，放在電鍋裡，外鍋放 1 杯水即可。泰國菜多數不油無煙，鮮少使用人工調味料，而是盡量取材香料植物調味。因此，比較繁複的過程就是備料，這道菜算是備料簡單的，在台灣也有餐廳使用泰國進口罐裝椰汁製作。

材料：

雞腿 —— 1 隻
新鮮椰子 —— 1 顆
香茅 —— 2 支
南薑 —— 1 小塊

調味料：

鹽 —— 適量

作法：

1. 新鮮的椰子剖開後，取出裡面的原汁備用。

2. 將椰子對剖後，刮下椰肉備用。

3. 清水煮沸，汆燙雞腿備用。

4. 南薑洗淨切片；香茅用刀背拍碎再斜切切段備用。

5. 南薑、香茅及雞腿依序放入湯水中，小火燉煮

6. 雞腿軟熟後下卡菲爾萊姆葉（撕掉葉脈，才能釋出香氣）。

7. 椰子原汁下鍋煮到湯滾時，適量的鹽調味即可。

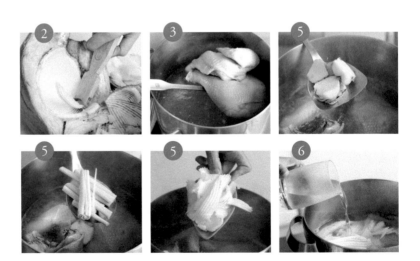

綜合時蔬清湯咖哩蝦

這道料理充滿了「蝦」的鮮甜。我們做菜習慣小火慢燉，把調味食材的氣味用慢燉的方式逼出來；泰國人則常把所有的調味食材先搗成醬，再以現作的醬入味湯頭。經過搗碎的食材充份爆出香氣，短時間內即可上菜！

材料：

鮮蝦 —— 4 隻

南瓜 —— 1/4 個

長豆 —— 1 條

長豆 —— 2 條

菇類 —— 適量

玉米筍 —— 4 個

瓜類 —— 1/2 個

秀珍菇 —— 適量

調味料：

紅蔥頭 —— 6 瓣

手指薑 —— 5 條

蝦乾 —— 2 大匙

白胡椒粒 —— 5 粒

蝦膏 —— 1 大匙

魚露 —— 1 大匙

糖 —— 適量

作法：

1. 把除了魚露之外的所有調味料放入搗缸或食物調理機搗成醬，下鍋炒做成醬。

2. 起水鍋，放入長豆、玉米筍、菇類、瓜類等食材。

3. 加入作法 1 調好的醬，煮熟了再加蝦。

4. 加入魚露及糖調味 1 大匙，即可舀至碗中享用。

羅望子嫩葉炸魚湯

酸酸的羅望子，在泰國菜中是除了檸檬，另外一個自然酸味來源。還記得小時候，為和同學一起在羅望子樹下玩耍，摘下嫩葉咀嚼，嚷嚷著說「好酸喔」！這葉子不用漬鹽，不用發酵，就可以煮出天然的酸湯。據說台灣最古老的羅望子樹，位在成大成功校區前的大學路及勝利路上，樹齡已超過 94 歲，是 1923 年日本裕仁皇太子來台巡視時，日軍種下做為遮護防禦屏障。現在則成了遮蔭，或者取果實，葉子入菜的食用植物了。

材料：

白肉魚 —— 1 隻
南薑 —— 3 片
香茅 —— 2 支
紅蔥頭 —— 3 顆
羅望子嫩葉 —— 1 大把
辣椒乾 —— 適量
香菜根 —— 2 隻
高湯 —— 1000 克

調味料：

魚露 —— 1 大匙
糖 —— 1 大匙
羅望子醬 —— 1 大匙

作法：

1. 先將白肉魚切塊後油炸，外表呈金黃色，撈起瀝乾油分，備用。

2. 所有材料洗淨，切片或切段備用。將香菜根、南薑、香茅、紅蔥頭、辣椒乾、炸魚塊等依序放入高湯內。

3. 放入羅望子嫩葉，煮到羅旺子嫩葉釋出酸味，若不夠酸，可以加檸檬汁或羅望子醬。

4. 加入魚露、糖等調味即可起鍋。

酸辣蝦湯

這個湯裡加的是紅蔥頭而非洋蔥,香菜根也不可少。此外因為檸檬汁久煮會減低其酸味,最後才放。泰國人做這道湯時,也有加上 1 匙羅望子水的,這樣會讓酸湯多一層讓人很難捉摸的酸香,是很讚的調味,只是湯頭色澤會顯黑一點。

材料:

泰國蝦 —— 5 隻
紅蔥頭 —— 5 瓣
蕈菇 —— 5 個
香菜根 —— 2 棵
鋸齒香菜葉 —— 1 株
香茅 —— 3 小支
南薑 —— 1 小段
小蕃茄 —— 7 顆
辣椒乾 —— 2 隻
高湯 —— 1000 克
卡菲爾萊姆葉 —— 1 把

調味料:

砂糖 —— 1/2 匙
魚露 —— 1 大匙
檸檬汁 —— 1 顆
椰奶 —— 200 克
市售酸辣蝦湯醬 —— 1 大匙

作法:

1. 先將南薑、香茅、紅蔥頭、香菜根放入高湯中煮出香味。

2. 再放入蕈菇、番茄。

3. 續放卡菲爾萊姆葉、辣椒。

4. 再放入鮮蝦,煮到蝦熟即可。

5. 以檸檬汁、椰糖、魚露及酸辣蝦湯醬調味。

6. 起鍋前撒一把切成細小段的香菜即可。

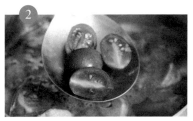

Chapter 5

熱炒篇

泰式料理中的「熱炒」，
主要是受到華人飲食文化的影響。
早年大量從福建、廣東及海南的移民，
將華南飲食習慣帶到泰國，
在以曼谷為首的中部菜系，最為明顯。

手指薑炒肉絲

手指薑屬薑科地下根植物，因為形似手指，所以稱為指薑。新鮮的指薑香味濃郁，非常容易種植，沒有庭園的話可盆植也會成功。台灣已有進口商進口切成絲狀的罐頭手指薑，商人直譯泰語音「甲猜」標在罐頭上，也有人把它稱做「沙薑」，新鮮的指薑香味濃郁。

材料：

豬里肌肉 —— 300 克

手指薑 —— 1 串

蒜頭 —— 5 瓣

紅蔥頭 —— 5 瓣

辣椒 —— 2 隻

九層塔 —— 1 把

調味料：

蠔油 —— 1 匙

魚露 —— 1 匙

醬油（或黑抽） —— 1 匙

作法：

1. 手指薑切絲，備用。

2. 豬里肌肉切片或切絲，備用。

3. 起油鍋，爆香蒜頭和紅蔥頭。

4. 豬肉片下鍋爆炒到變色。接著放下手指薑，下鍋拌炒。

5. 1匙的蠔油、1匙的魚露及 1 匙的醬油調味（若要顏色黑一點，加 1 匙黑抽）

6. 起鍋前灑一把九層塔，立即關火。

肉末水醃菜

泰國有很多發酵的食品，肉類、菜類都有，發酵菜類的料理，有炒肉絲的，也有煮排骨湯的，概念就是像咱們的酸菜湯。泰國北部有非常多的泰籍華人，摻和著泰華的口味及烹調技法的北部菜其實很相容於台灣現時的無國界料理。這道菜的口感清脆酸香，非常下飯。

材料：

絞肉 —— 300 克
芥菜 —— 1 把（300 克）
在來米粉或糯米粉
—— 50 克
水 —— 1000 克

調味料：

辣椒 —— 2 隻
蒜頭 —— 3 瓣
醬油 —— 1 大匙
胡椒和糖 —— 少許
鹽 —— 60 克

作法：

1. 先準備作水醃菜。取在來米粉或糯米粉加水一起煮沸後放涼。

2. 芥菜洗淨後，均勻撒下鹽，並搓揉按壓。

3. 將搓揉之後，揉出的鹽水丟棄，芥菜晾著風乾。

4. 芥菜風乾且呈現軟趴狀時，取一空罐，放入芥菜和作法 1 的在來米粉水或糯米粉水，並密封待其發酵。

5. 夏天室溫約 3～5 天即可發酵完成可食用的水醃菜。

6. 從罐中取出水醃菜，切末備用；辣椒和蒜頭切末備用。

7. 起油鍋爆香蒜頭和辣椒。

8. 將絞肉下鍋炒到變色後續下水醃菜炒出香氛。

9. 下一匙水及所有的調味，蓋鍋小悶一下即可上桌。

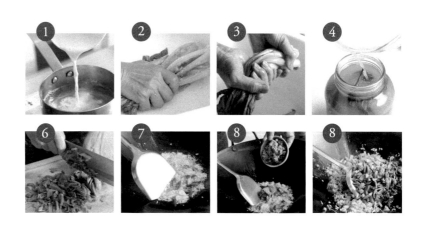

打拋葉炒雞肉

「打拋」（泰文音譯為「嘎拋」或「甲拋」）的葉子有特殊的氣味，在泰國並非只能拿來炒肉末做成打拋肉而已，還可以運用在各式熱炒，例如炒蝦子、炒茄子，炒甚麼都可以，概念就是像咱台灣的三杯雞或街頭的香炸酥雞，起鍋前灑一把九層塔增香使用。通常工業區附近的雜貨店都可買到打拋葉，但若一時買不到打拋葉或調味料的備料不及，可以購買市售打拋醬，若購買到進口的甲拋醬，因是基礎醬，請先起油鍋爆香蔥頭及蒜頭，然後以蠔油魚露及醬油調味；若購買泰泰風的打拋醬，無須外加任何調味，直接與肉末炒一炒即可上桌。

材料：

雞胸肉 —— 1 片
打拋葉（或九層塔）—— 1 把
蒜頭 —— 5 瓣
紅蔥頭 —— 5 瓣
辣椒 —— 2 隻
長豆或秋葵 —— 適量

調味料：

魚露 —— 1 大匙
蠔油 —— 1 大匙
醬油 —— 1 中匙
（可多加增黑色的老抽黑醬油）

作法：

1. 紅蔥頭、蒜頭，用搗缸拍碎，備用；若無搗缸，則用刀背拍碎。

2. 雞胸肉剁成肉末狀、長豆切丁，備用。

3. 起油鍋，爆香蒜頭、蔥頭及辣椒之後，下雞肉拌炒。

4. 雞肉拌炒到 8 分熟，下所有的調味料續炒到熟。

5. 起鍋前豪邁的灑一把打拋葉或九層塔，即熄火上桌。

咖哩滑蛋螃蟹

- 螃蟹下鍋前可在螃蟹身上灑點粉，太白粉和麵粉皆可，避免下鍋油炸時產生油爆及保護蛋黃不要掉出來。
- 洋蔥及芹菜切細絲，蒜末愈細，滑蛋會更細緻，不會有顆粒感。
- 可以加少許紅咖哩醬與咖哩粉拌炒，讓滑蛋顏色偏紅，還可增加香氣。

材料：

螃蟹 —— 1 隻
洋蔥 —— 1 顆
芹菜 —— 2 支
水 —— 1/2 杯
雞蛋 —— 2 顆

調味料：

咖哩粉 —— 4 克
蠔油 —— 20 克
魚露 —— 5 克
椰奶 —— 100 克
辣油 —— 1 茶匙
芡粉 —— 1 小匙

作法：

1. 螃蟹洗淨，對剖成 4 塊備用。
2. 起炸油鍋，螃蟹下油鍋炸熟，撈起備用。
3. 爆香蒜末、洋蔥及咖哩粉後下芹菜炒一下。
4. 將炸過的螃蟹下鍋拌炒一下。
5. 續下蠔油及魚露拌炒，先撈起螃蟹排盤備用。
6. 將雞蛋與椰漿和芡粉一起放在碗裡打散打勻，然後下鍋。
7. 蛋液下鍋後，手握鍋柄，前後左右圓弧狀的搖動鍋子，蛋液約 5～6 分熟時關火，然後繼續搖動鍋子繼續讓蛋液在鍋子裡盤旋舞動，鍋子的餘溫會使蛋液軟熟即成滑蛋。
8. 起鍋，作法 7 的滑蛋淋在螃蟹上，辣油也淋上，即可上桌。

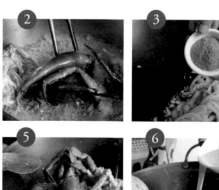

趴泰

趴泰是直譯自泰語 Pad thai 的譯音，Pad 是炒，thai 是泰國，這個菜的意思是「泰國式的炒法」。既是泰國菜，怎還會強調是泰國式呢？因為在泰國的炒粿條還有另一種「潮州式的炒法（濕的粄條）」，這種泰式炒法是源自過去「去中國化」政策之下所發展出來的泰皮華骨的炒法。原料中的韭菜豆芽及蘿蔔乾是最直接的印證，還有，染過薑黃的豆腐干更道盡這個泰華合體的料理。這種以米為成份的條型米食在不同的地方有不同的名稱，有稱「河粉」的，有稱「粄條」的，而早期泰國華人潮州語則稱之為「粿條」，因此泰國人把它音譯為「貴刁 Kway teow」。咱們台灣人去到泰國，無論是炒乾的抑或是水湯的，通通都呼之為「貴阿」。

材料：

泰式粿條 —— 1/2 包

豆芽菜 —— 1 把

韭菜 —— 3 支

黃豆腐乾 —— 2 片

蘿蔔乾 —— 2 條

紅蔥頭 —— 3 瓣

蒜頭 —— 5 瓣

花生碎 —— 1 湯匙

調味料：

羅望子醬 —— 1 匙

魚露 —— 1 匙

砂糖 —— 少許

醬油 —— 少許

作法：

1. 將乾燥的泰式粿條放在冷開水中泡軟備用，蘿蔔乾切碎，蒜頭紅蔥頭切碎備用。

2. 豆腐乾以薑黃染色後切小丁備用。（脂溶性的薑黃粉先以一點油炒香，豆腐乾下鍋滷一下即可上色，也增添了香氣）。

3. 起油鍋，打顆蛋炒到蛋液熟到冒泡，續下紅蔥頭及蒜頭爆香。

4. 續下蘿蔔乾及豆腐乾炒到香味出來。

5. 泡軟的粿條下鍋翻炒加一大匙水炒幾下即軟。

6. 醬油、魚露、砂糖、羅望子醬等下鍋調味。

7. 豆芽菜、韭菜下鍋迅速翻炒，起鍋前撒花生碎、辣椒乾粉即可盛盤上桌。

豆醬空心菜

豆醬是黃豆經過發酵而成，泰國人的食品發酵技術源自早期中國移民所傳入，時至今日，華人在泰國所發展的發酵食品事業仍是撐起一大片天，例如金山醬油、唐雙合魚露、主婦牌蠔油、以及天秤標蝦膏等等，這些發酵的調味料也發展出許多潮州式的泰國菜。泰國的「熱鍋炒食」（例如炒粿條、炒咖哩螃蟹等）是受到中國人的影響，這種外來的烹技料理在泰國有一個通稱，泰文音譯為「阿含—金」，「阿含」指食物，「金」則是中國。要提醒的是「豆醬」和「豆瓣醬」是不一樣的東西，兩者口味完全不一樣，豆醬的原料是黃豆，是鹹鮮甜的味道；而豆瓣醬的原料是蠶豆，是香辣味。

作法：

1. 蒜頭、紅蔥頭、辣椒，切碎；空心菜洗淨切段備用。
2. 熱油鍋，爆香蒜頭、紅蔥頭。
3. 放下空心菜和辣椒碎同炒。
4. 下豆醬，快速翻炒即可。

材料：

空心菜 —— 1 把
蒜頭、紅蔥頭 —— 各 2 瓣
辣椒 —— 1 隻

調味料：

豆醬 —— 1 大匙
金山醬油 —— 半匙
蠔油、魚露 —— 各 1/2 匙

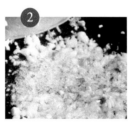

蝦醬空心菜

材料：

空心菜 —— 1 把
蝦醬、水 —— 各 1 大匙
配色用大紅辣椒 —— 1 支

作法：

起油鍋，放下空心菜，下蝦醬後翻炒即可上菜。

發酵肉炒飯

肉類發酵食品的種類，在泰國琳瑯滿目，有一道酸雞翅是經過發酵之後再酥炸，非常的好吃。而這道發酵肉炒飯，豬肉片經過發酵，散發天然酸香，很開胃。

材料：

發酵肉 —— 100 克
洋蔥 —— 1/2 顆
蒜頭 —— 4 瓣
香菜根 —— 3 個
白飯 —— 1 碗

調味料：

魚露 —— 1 匙
醬油 —— 1 匙

作法：

1. 醃製的發酵肉切細條狀，蒜頭去皮切末、香菜根切段、洋蔥切丁狀，備用。

2. 起油鍋，打 1 顆雞蛋下鍋炒到起泡泡才會有蛋香，香菜根及蒜末下鍋炒香。

3. 發酵肉下鍋，洋蔥丁也下鍋炒幾下。

4. 白飯下鍋翻炒均勻後，加魚露、醬油調味即可。

5. 家中現有的蔬菜，如長豆、小黃瓜、九層塔、辣椒等，當作盤飾，亦是炒飯很好的食用配菜。

蝦醬炒飯

炒飯,是簡單的美食,把喜愛的食材和米飯,一起下鍋拌炒炒。米粒吸收了調味料的氣味,加上熱鍋快炒的鍋氣香味,簡單又快速的就撫慰了飢腸轆轆的胃。泰式炒飯的基本的調味料不外乎魚露、醬油和蝦膏,有時候綠咖哩醬或紅咖哩醬也拿來直接炒飯吃。目前坊間市售品多數只有「泰國蝦膏」,蝦醬則只有泰泰風出品。做這道炒飯時,若使用蝦膏,就挖一匙蝦膏用鋁箔紙包好,乾鍋小火煨到有香氣,即可替代蝦醬。如果運用蝦膏須先爆香蒜頭蔥頭及炒飯,米粒吸收了調味料的氣味,加上熱鍋快炒的鍋氣香味,簡單又快速的就撫慰了飢腸轆轆的胃。

材料:

白飯 —— 1 碗
鮮蝦 —— 2 隻
雞蛋 —— 1 顆
長豆 —— 1 條
洋蔥 —— 1/2 顆

調味料:

蝦醬 —— 1 大匙

作法:

1. 長豆、洋蔥切成細丁,備用。

2. 鮮蝦剝殼,蝦仁下鍋炒幾下,即可取出,備用。

3. 起油鍋,打 1 顆雞蛋下鍋炒到起泡泡,才有蛋香。

4. 接著把已經細切成丁的洋蔥下鍋,續炒到洋蔥有點透明狀,長豆也下鍋。

5. 將長豆、洋蔥、蛋推至鍋邊,白飯下鍋,一起翻炒。

6. 加 1 大匙蝦醬(觸鍋會更香)調味,一起拌炒,即可起鍋,擺上兩隻蝦仁妝點,即可享用。

泰式炒飯

製做蕾絲蛋網的小撇步是在蛋液裡加一點薑黃粉，可以讓蛋網顏色豔黃華麗，還有，打散的蛋液須經過細目濾網過濾才能有綿密的蛋液，加一匙芡粉在蛋液裡，畫蛋網時才不會容易脆斷！炒飯的要領就是飯粒不黏膩，才能每個飯粒都炒的散，炒得開。這樣每顆飯粒都均勻沾附到調味，就會是好吃的炒飯了。

材料：

雞蛋 —— 2 個

蝦米 —— 1 把

蒜頭 —— 2 個

紅蔥頭 —— 2 個

白飯 —— 1 碗

芡粉 —— 1 大匙

咖哩粉 —— 1 小匙

調味料：

魚露 —— 1 大匙

醬油 —— 1/2 匙

胡椒粉 —— 適量

作法：

1. 起油鍋把雞蛋炒散，雞蛋要炒到冒泡才會有香氣。

2. 把雞蛋推到鍋邊，把拍碎的蒜頭下鍋爆香。

3. 續下蝦米再煸一下，之後下洋蔥丁炒到洋蔥丁變透明色。

4. 倒下白飯，加上魚露、醬油、胡椒粉，拌炒調味。

5. 另取 2 個蛋，加 1 大匙芡粉和 1 小匙咖哩粉，調勻後放進擠醬瓶內。起油鍋，將蛋液像是畫網狀圖一樣，在鍋上畫網狀，做成「蕾絲蛋皮」，扣在炒飯上，顏色漂亮又有香氣。

凱花肉末溫沙拉

這道菜使用的凱花，是種食用花卉，在台灣稱為「大花田菁」非常普遍。由於栽培容易，生長又快速，常被做為景觀行道樹，花朵有紅白兩色。花的心蕊帶著苦味，烹飪前摘除心蕊之後仍有微苦，但配著料理食用則轉甘，此花卉在泰國就像蔬菜一樣的任何超市都是常態性的販售。

材料：

凱花 —— 10 朵
豬里肌肉 —— 200 克
秀珍菇 —— 4 ～ 5 朵
紫洋蔥 —— 1/2 顆
香菜 —— 1 把

調味料：

魚露 —— 2 大匙
糖 —— 1 大匙
白胡椒粉 —— 少許

作法：

1. 豬里肌肉剁末、紫洋蔥切絲；將凱花花苞的雄蕊部份去掉（才不會太苦）。

2. 凱花和秀珍菇以熱開水汆燙備用。

3. 起油鍋，炒豬里肌肉絲，肉末顏色變白，加紫洋蔥絲，一起翻炒。

4. 凱花和秀珍菇下鍋炒軟後以魚露、糖、白胡椒粉調味。

泰北番茄肉末醬

泰國人用餐時，經常就是一碗糯米飯，一條魚，一些食蔬， 搭配如這道肉末醬之類的醬，就可飽足一餐。

材料：

豬肉末 —— 600 克
紅番茄 —— 1 顆
青蔥 —— 2 支
香茅 —— 1 支
香菜根 —— 1 支
蒜頭 —— 5 瓣
紅蔥頭 —— 5 瓣
辣椒乾 —— 3 支
羅旺子醬 —— 1 匙
椰糖 —— 1 小匙
蝦膏 —— 1 小匙

調味料：

鹽 —— 1 小匙

作法：

1. 青蔥、香茅、香菜根、蒜頭、紅蔥頭，切成丁狀後，放入搗缸搗碎搗勻。

2. 繼續放入辣椒乾、蝦膏等，搗成醬料狀。

3. 起油鍋，先放下搗好的醬料，再下豬肉末同炒。

4. 豬肉末炒至變色時，番茄切丁，放入一起拌炒。

5. 加入少許水、椰糖、羅望子醬，炒一下即可起鍋裝盛。

翡翠千層蛋

這是道簡單易作的家常美味，每家百貨超市的美食街都可以見得到，是物美價廉的國民食物。在泰國多半採用白苦瓜，要小火慢煎，苦瓜軟了，蛋也不會焦掉，才能吃到美味。

材料：

綠苦瓜 —— 1 條
雞蛋 —— 3 個

調味料：

魚露 —— 1 匙
胡椒粉 —— 1/2 匙
糖 —— 少許

作法：

1. 雞蛋打散，加入胡椒粉與魚露及糖拌勻。

2. 苦瓜去籽切薄片備用。

3. 將苦瓜放入調味好的蛋液中。

4. 起油鍋，下蛋液（含苦瓜），小火煎至兩面金黃，即可起鍋。

5. 切成長方形狀，一層層堆疊盛盤。

凱花煎蛋

「凱花」是從泰語直接音譯的名稱，在台灣叫做「大花田菁」，常被當作田園造景樹，花開花謝掉滿地也沒人理，但在泰國，凱花則是每家百貨的超市都有販賣的常見食用花卉。

材料：

凱花 ── 7～8 朵
雞蛋 ── 3 個
紅蔥頭 ── 3 瓣
打拋葉 ── 適量

調味料：

魚露 ── 1 匙
胡椒粉 ── 少許
糖 ── 少許

作法：

1. 凱花花苞的雄蕊部份去掉，只留花瓣備用。

2. 雞蛋打散，與胡椒粉、魚露、糖調勻。

3. 將凱花放進和調味料拌勻的蛋液中。

4. 起油鍋，紅蔥頭爆香。

5. 下凱花蛋液，中火炒到熟，即可起鍋。

6. 起鍋前撒下打拋葉，香味起，快速熄火。

凱花炒雞肉

凱花，在泰國是普遍入菜的食用花卉，有紅白兩種顏色，但紅色的凱花高溫加熱之後顏色會變成暗紫色，視覺上較不討喜，所以通常只會以白色作為熱炒食材。凱花炒肉是很平民的家常菜，就象咱台灣的金針花或者是韭菜花炒肉絲那樣的普遍，基於飲食文化的差異，台灣人普遍不食用，著實可惜！

材料：

雞肉絲 —— 300 克
凱花 —— 6 ～ 7 瓣
香菜根 —— 3 個
蒜頭 —— 1 大顆
紅蔥頭 —— 6 瓣

調味料：

魚露 —— 1 大匙

作法：

1. 將香菜根、蒜頭、紅蔥頭，分別洗淨，切碎。

2. 凱花花苞的雄蕊部份去掉，比較不那麼苦。

3. 起油鍋，將香菜根、蒜頭、紅蔥頭爆香。

4. 香味飄出時，下雞肉絲和凱花，續炒。

5. 淋上魚露調味，雞肉絲變色，即可起鍋。

Chapter 6

甜點篇

泰國人愛吃甜點，
從街頭隨處可見的甜點攤販得以窺見。
人們善用盛產的熱帶水果、椰漿、糯米，
取色自然，巧妙變化出五顏六色的各式甜品，
吸引人大啖泰國甜點饗宴。

三色湯圓

這道點心，因為佐以煮過香蘭葉的椰漿，濃甜中帶著特別香氣。三種湯圓的顏色全部取自天然，來自泰國人常用的蝶豆花、香蘭葉和南瓜，特別是香蘭葉本身的香氣很迷人；蝶豆花台灣購買方便，用冷凍方式保存，避免發霉。香蘭葉冷藏可以保存1週，冷凍會失去香氣，但仍可取色使用。

粿體：

糯米粉 —— 80 克
水 —— 60 克

染色：

南瓜 —— 100 克
蝶豆花 —— 5 朵
香蘭葉 —— 3 ～ 5 葉

調味料：

椰漿 —— 200 克
椰糖 —— 1 大匙
鹽 —— 少許

作法：

1. 以植物染色，南瓜切塊煮熟，蝶豆花以熱開水浸泡 30 分鐘，即可取得藍色花液；香蘭葉和 50 克的水一起用調理機打成綠色汁液，然後用細棉布過濾即可。

2. 做粿體，將糯米粉和藍色汁液攪拌揉，成為藍色粿體，與綠色汁液攪拌揉均勻即得綠色粿體，黃色的粿體是利用蒸熟的南瓜與糯米粉攪拌揉均勻即可（不加水）。

3. 各撕一小塊粿體，下滾水鍋煮至浮起，即為粿粹。將粿粹與粿體一起搓揉到均勻，即成真正能搓揉製作湯圓的粿體。

4. 取一口大小的粿體，放在手掌心先順時鐘搓揉成圓型。

5. 再從圓形搓成長形，如果不搓揉成尖頭條狀，直接做成圓形，就是傳統的湯圓模樣。

6. 鍋上煮水，水滾時，將搓好的各色湯圓下鍋煮到浮至水面，即撈起備用（撈起後可迅速泡洗在冷水裡）。

7. 椰漿用極小火煮（加入香蘭葉一起煮），加入 2 大匙椰糖及 1 茶匙的鹽即成甜椰漿，加入煮好的糯米條（湯圓）一起食用。

羅望子椰絲球

椰子球是在泰國隨處可見、現點現做的街頭小吃，也可加點麥芽糖在椰糖裡，會比較容易捏成球狀。

材料：

椰子絲 —— 100 克

調味料：

羅望子醬 —— 2 大匙
水 —— 50 克

作法：

1. 羅望子醬加椰糖和水小火同煮到濃稠熄火備用。

2. 乾鍋炒椰絲，炒至上色。

3. 椰絲炒熱後加入作法 1 的羅望子椰糖漿裡拌炒，充分調勻後，起鍋待冷卻後即可捏成丸狀。

芋頭椰香糯米卡儂

這道甜點的糯米需要蒸軟一點，烤過才不會太硬。香蕉葉在火爐上閃快燒烤過，以增加韌性不斷裂，同時包入餡料前要橫豎交錯擺置，才不會摺破。

餡料：

芋頭 —— 1/2 個
椰漿 —— 半罐（200 克）

糯米體：

糯米 —— 300 克
椰漿 —— 半罐（200 克）
香蕉葉 —— 適量

調味料：

椰糖 —— 3 大匙
椰漿 —— 1 罐
鹽 —— 1 大匙

作法：

1. 先製作餡料，芋頭切成片狀蒸熟後取一半的甜椰漿一起在調理機打成泥。取出泥狀的芋頭椰漿在鍋子裡用小火炒，炒到水份蒸發，成可塑形的餡體。

2. 糯米體製作是先將糯米泡水 3 小時後瀝乾水份，蒸熟。

3. 糯米蒸熟後趁熱放入另一半煮過的甜椰漿，再小火加熱一下即熄火蓋鍋，讓糯米吸飽椰漿。

4. 香蕉葉修剪成方形，正反兩面在火爐上燒一下。

5. 以 2 匙泡過甜椰漿的糯米擺置在蕉葉中央，一匙餡料擺放在糯米上，再覆以 2 匙糯米在上面，把蕉葉包裹起來，用牙籤固定。

6. 烤箱預熱 250 度，把作法 5 的成品放進去烤 20 分鐘即成。

泰式芭蕉粽

這道甜點的餡料並不是台灣人常吃的台灣蕉，而是「蜜蕉」。蜜蕉的口感是 Q 的，蒸過之後不會太軟爛；米體的椰香吸飽芭蕉的酸甜味會非常好吃。泰國人會在米體上多加幾粒蜜漬過糖的黑豆，是街頭很常見到的甜品，也發展到有食品廠量產冷凍外銷。

材料：

糯米 —— 300 克
芭蕉 —— 1 串
芭蕉葉（竹葉）—— 適量

調味料：

椰漿 —— 1 罐
椰糖 —— 50 克
鹽 —— 10 克

作法：

1. 糯米泡水 3 小時後瀝乾水份，蒸熟。蒸熟後趁熱放入另一半煮過的甜椰漿，再小火加熱一下即熄火蓋鍋，讓糯米吸飽椰漿。

2. 將芭蕉葉放在爐火上過火一下，烤過火的葉子顏色會發亮轉綠，同時可加強韌度，不易破。若沒有芭蕉葉，也可以竹葉取代，只是香氣沒有芭蕉葉來得香。

3. 將芭蕉葉一正一反疊好，兩層避免破掉。

4. 先鋪一層吸飽椰漿的糯米飯在芭蕉葉上，放上半條芭蕉，再覆蓋一層糯米飯。

5. 把甜糯米推緊，用芭蕉葉從上方、左右兩方，裹緊。

6. 裹緊後，以棉線綁緊後，放進蒸籠，蒸約 1 小時，待涼即可食用。

雙色卡儂

卡儂，是「點心」或者「甜品」的泛稱。這包著椰絲餡料的糯米甜點雷同於咱台灣的湯圓，泰國人擅長將點心用各種天然的植物取汁染成繽紛的顏色，這些具天然色的食材在台灣都普遍買的到，今年冬至吃湯圓的時候，告別色素，動手做天然的吧！

材料：

糯米粉 —— 300 克
南瓜 —— 1/4 個
火龍果 —— 1/2 個

內餡材料：

椰子絲 —— 100 克
椰糖 —— 2 大匙

作法：

1. 南瓜去皮、去籽，切小塊，加一點點水小火煮軟，南瓜軟熟後，即可趁熱壓成泥狀放涼。再將南瓜泥和糯米粉一起調和，揉成黃色的糯米團。

2. 將火龍果榨出的果汁和水，倒入糯米粉中，搓揉成粉紅色的糯米糰。

3. 從各種顏色的粿體各取一小塊放入滾水中燙熟（做粿粹）。將各色粿粹分別與各色粿體一起搓揉到均勻，即成真正能搓揉的粿體。

4. 乾鍋炒椰子絲，炒到有焦香的顏色與味道就可起鍋，放涼備用。

5. 南瓜糯米糰和火龍果糯米糰，揉成一個個小糯米糰後，壓扁包進椰子絲，再揉圓。

6. 將兩個鹽色的糯米糰，放入水鍋中煮熟，撈起放涼，撒上椰子絲，就是道氣味甜蜜的點心。

椰糖米香卡儂

卡儂（Kanom） 在泰語中泛指點心、甜點，米香卡儂是糯米製成的點心。在稻米輸出世界第一的泰國有很多的米類加工品，其中的炸米香是很成熟的經濟產物，政府也大力以OTOP（一鄉一特色）的扶植方式輔導發展成為外銷產品。

材料：

糯米 —— 300 克
豬肉絲 —— 適量
水 —— 50 克

調味料：

麥芽糖 —— 100 克
椰糖 —— 200 克

作法：

1. 糯米泡水 2 小時後入鍋蒸，蒸軟一點以增加黏性，米粒間較容易黏著不易散開。

2. 糯米飯放涼，鋪在桌面上，覆蓋保鮮膜後，以保鮮膜，壓平（較不會黏）。

3. 取橢圓形或方形的模子，將糯米飯做出一個個有形狀的米塊。

4. 放入冰箱冷藏約 3 日後變硬（或日曬 1 ～ 2 日），取出，準備油炸。

5. 油溫達 100 度時將米餅放入油炸成米香，待油溫升到 200 度時，剛好酥脆。炸的乾一點（色偏黃），避免回潮變軟。

6. 將椰糖與麥芽糖以小火煮到濃稠成糖漿。

7. 煮約 2 分鐘後，糖漿散發出椰子的香氣。

8. 趁熱把糖漿淋在炸好的米香上，椰糖冷卻前置入豬肉鬆，即成一道相當受歡迎的泰國點心。

珍珠椰香卡儂

榨過椰漿之後的細碎椰肉稱為椰絨。台灣買的到的椰絨通常是乾燥過的，雖已經榨取椰漿，但仍存有椰香的氣味，加進椰糖炒過之後，整個香氣又還原了。西谷米泡一下水，成為可包餡的粿體，包入鹹的或甜的，是一個既簡單又美味的茶點。

材料：

西谷米 —— 3 碗
蝶豆花 —— 5 朵
香蘭葉 —— 適量
熱開水 —— 1 碗

內餡材料：

椰糖 —— 2 大匙
椰絨 —— 1 大碗

作法：

1. 做餡料，乾鍋炒椰子絲，椰子絲炒到呈褐色時，加入椰漿與糖繼續拌炒，糖會融化成濕稠狀，繼續炒到收汁，冷卻後捏成小圓球狀備用。

2. 作西谷米粿體，將蝶豆花浸泡水中取得藍色汁液備用，香蘭葉放入果汁機中與水打碎後過濾，即成綠色香蘭葉汁液備用。

3. 蝶豆花汁和香蘭葉汁以微波爐加熱，分別倒入西谷米中，為西谷米染色，藍花汁也可以加一點酸（例如檸檬汁）就會退色到成為紫色。

4. 分別染色的西谷米靜置 30 分鐘後分別搓揉成一個一個小圓球狀。

5. 將搓揉成糰後西谷米，放在手掌上壓扁，包進捏成小圓球的椰絲再搓圓。

6. 煮一鍋水，水滾時放下包有椰絲內餡的西谷米球，外皮呈透明狀時，即可熄火撈起享用。

花香燭薰西谷米

泰國的糕點甜品和椰漿，多有一股特別的香味，這股香味來自如茉莉花、依蘭花及香蘭葉等香花。 花香的萃取方式很多種，泰國業者取花香做成「香薰」。「香薰」是把各式香花的萃取成分與蜂蠟結合製成「花香薰燭」，將香薰燭點燃吹熄之後「煙薰」甜品，經過薰香的甜品， 濃甜中顯現特別香氣。

材料：

西谷米 —— 100 克
熱開水 —— 120 克～ 150 克
火龍果 —— 1/4 顆
蝶豆花 —— 5 朵
花香薰燭 —— 1 個

調味料：

椰漿 —— 400 克

作法：

1. 火龍果切塊榨汁；蝶豆花以熱開水浸泡 30 分鐘，即可取得藍色花汁。

2. 取一半的西谷米，紅龍果汁液微波加熱後與西谷米拌勻，另一半西谷米以蝶豆花汁液微波加熱後與西谷米充份拌勻。

3. 分別染色的西谷米，靜置 30 分鐘後分別揉成團。

4. 取西谷米糰揉成小圓球狀，或是將藍色的蝶豆花西谷米糰攤成四方形，再將紅色的火龍果西谷米糰揉成長方形，放在藍色西谷米糰上，切成段狀。

5. 起水鍋，水滾時，將搓好的西谷米糰下鍋煮，煮到浮至水面，即撈起備用（撈起後可迅速泡洗在冷水裡）。

6. 取一個大碗，倒進椰漿。將花香薰燭以竹籤架在碗中，點燃幾秒後吹熄，讓香氣附著在椰漿中。

7. 西谷米放置食器中，倒下香薰椰漿，即可上桌。

泰式水果盅

泰國和台灣一樣也是盛產水果的國度，台灣人經常搭配水果的調味料是甘草鹽，泰國人則喜歡佐以魚露、椰糖、檸檬汁的鹹甜酸醬汁，在街頭經常可見販賣這款淋上鹹調味料的小販，配料和作法非常簡單。

材料：

芭樂 —— 1 顆
蘋果 —— 1 顆
奇異果 —— 1 顆

調味料：

魚露 —— 2 大匙
椰糖 —— 1 大匙
檸檬汁 —— 1 匙
香菜 —— 少許
辣椒 —— 3 支

作法：

1. 將水果、香菜、辣椒洗淨，水果可切片或切丁、辣椒也切丁。

2. 調味料的材料混合製成醬汁。

3. 食用時淋上醬汁即可。

香茅香蘭水

香蘭與香茅同煮成的茶水，每啜一口，就是一口香氣。香茅與香蘭在台灣並不陌生，尤其香茅常被做成茶包；香蘭則可以放進電鍋與米飯同煮，享受滿室生香的幸福感。

作法：

1. 香蘭葉打結、香茅切斷，一起放進水中煮，即可作成香茅香蘭水。

材料：

香茅 —— 1 支
香蘭葉 —— 2 支

蘿拉老師的
泰國家常菜

家常主菜 × 常備醬料 × 街頭小食

70道輕鬆上桌!

http://www.ju-zi.com.tw

三友圖書
友直 友諒 友多聞

國家圖書館出版品預行編目（CIP）資料

蘿拉老師的泰國家常菜：家常主菜×常備醬料×
街頭小食，70道輕鬆上桌／蘿拉老師作. -- 初版.
-- 臺北市：橘子文化，2018.01
　面；　公分
ISBN 978-986-364-118-6（平裝）

1. 食譜 2. 泰國

427.1382　　　　　　　　　　　106024440

作　　者	蘿拉老師
攝　　影	林韋言
編　　輯	翁瑞祐
美術設計	李曉彤
發 行 人	程安琪
總 策 畫	程顯灝
總 編 輯	呂增娣
主　　編	翁瑞祐、徐詩淵
資深編輯	鄭婷尹
編　　輯	吳嘉芬、林憶欣
美術主編	劉錦堂
美術編輯	曹文甄
行銷總監	呂增慧
資深行銷	謝儀方
行銷企劃	李昀
發 行 部	侯莉莉
財 務 部	許麗娟、陳美齡
印　　務	許丁財
出 版 者	橘子文化事業有限公司
總 代 理	三友圖書有限公司
地　　址	106 台北市安和路 2 段 213 號 4 樓
電　　話	（02）2377-4155
傳　　真	（02）2377-4355
E — mail	service@sanyau.com.tw
郵政劃撥	05844889 三友圖書有限公司
總 經 銷	大和書報圖書股份有限公司
地　　址	新北市新莊區五工五路 2 號
電　　話	（02）8990-2588
傳　　真	（02）2299-7900
製版印刷	鴻嘉彩藝印刷股份有限公司
初　　版	2018 年 1 月
定　　價	新臺幣 380 元
I S B N	978-986-364-118-6（平裝）

地址： 　　　縣/市　　　鄉/鎮/市/區　　　路/街

　　　段　　巷　　弄　　號　　樓

三友圖書有限公司 收
SANYAU PUBLISHING CO., LTD.

106　　台北市安和路2段213號4樓

三友圖書
讀書俱樂部

「填妥本回函，寄回本社」，即可免費獲得好好刊。

粉絲招募
歡迎加入

臉書／痞客邦搜尋
「三友圖書-微胖男女編輯社」
加入將優先得到出版社提供
的相關優惠、
新書活動等好康訊息。

四塊玉文創╳橘子文化╳食為天文創╳旗林文化
http://www.ju-zi.com.tw
https://www.facebook.com/comehomelife

親愛的讀者：

感謝您購買《蘿拉老師的泰國家常菜：家常主菜 ╳ 常備醬料 ╳ 街頭小食，70 道輕鬆上桌！》一書，為感謝您對本書的支持與愛護，只要填妥本回函，並寄回本社，即可成為三友圖書會員，將定期提供新書資訊及各種優惠給您。

姓名＿＿＿＿＿＿＿＿＿＿＿＿＿　出生年月日＿＿＿＿＿＿＿＿＿＿＿＿＿

電話＿＿＿＿＿＿＿＿＿＿＿＿＿　E-mail＿＿＿＿＿＿＿＿＿＿＿＿＿

通訊地址＿＿＿＿＿＿＿＿＿＿＿＿＿＿＿＿＿＿＿＿＿＿＿＿＿＿＿＿＿

臉書帳號＿＿＿＿＿＿＿＿＿＿＿＿＿＿＿＿＿＿＿＿＿＿＿＿＿＿＿＿＿

部落格名稱＿＿＿＿＿＿＿＿＿＿＿＿＿＿＿＿＿＿＿＿＿＿＿＿＿＿＿＿

1 年齡
□ 18 歲以下　　□ 19 歲～ 25 歲　　□ 26 歲～ 35 歲　　□ 36 歲～ 45 歲　　□ 46 歲～ 55 歲
□ 56 歲～ 65 歲　□ 66 歲～ 75 歲　□ 76 歲～ 85 歲　□ 86 歲以上

2 職業
□軍公教 □工 □商 □自由業 □服務業 □農林漁牧業 □家管 □學生
□其他＿＿＿＿＿＿＿＿＿＿＿＿＿＿＿＿＿＿＿＿＿＿＿＿＿＿＿＿

3 您從何處購得本書？
□博客來　□金石堂網書　□讀冊　□誠品網書　□其他＿＿＿＿＿＿＿＿＿＿
□實體書店＿＿＿＿＿＿＿＿＿＿＿＿＿＿＿＿＿＿＿＿＿＿＿＿＿＿＿

4 您從何處得知本書？
□博客來　□金石堂網書　□讀冊　□誠品網書　□其他＿＿＿＿＿＿＿
□實體書店＿＿＿＿＿＿＿＿＿＿　□ FB（三友圖書 - 微胖男女編輯社）
□好好刊（雙月刊）　□朋友推薦　□廣播媒體＿＿＿＿＿＿＿＿＿＿＿

5 您購買本書的因素有哪些？（可複選）
□作者 □內容 □圖片 □版面編排 □其他＿＿＿＿＿＿＿＿＿＿＿＿＿

6 您覺得本書的封面設計如何？
□非常滿意 □滿意 □普通 □很差 □其他＿＿＿＿＿＿＿＿＿＿＿＿＿

7 非常感謝您購買此書，您還對哪些主題有興趣？（可複選）
□中西食譜 □點心烘焙 □飲品類 □旅遊 □養生保健 □瘦身美妝 □手作 □寵物
□商業理財 □心靈療癒 □小說 □其他＿＿＿＿＿＿＿＿＿＿＿＿＿＿＿

8 您每個月的購書預算為多少金額？
□ 1,000 元以下　□ 1,001 ～ 2,000 元 □ 2,001 ～ 3,000 元 □ 3,001 ～ 4,000 元
□ 4,001 ～ 5,000 元 □ 5,001 元以上

9 若出版的書籍搭配贈品活動，您比較喜歡哪一類型的贈品？（可選 2 種）
□食品調味類　　□鍋具類 □家電用品類　　□書籍類 □生活用品類　　□ DIY 手作類
□交通票券類　　□展演活動票券類 □其他＿＿＿＿＿＿＿＿＿＿＿＿＿

10 您認為本書尚需改進之處？以及對我們的意見？
＿＿＿＿＿＿＿＿＿＿＿＿＿＿＿＿＿＿＿＿＿＿＿＿＿＿＿＿＿＿＿＿

感謝您的填寫，

您寶貴的建議是我們進步的動力！

泰泰風有限公司　統編：53232583　公司：806 高雄市前鎮區中華五路 770 巷 42 號

電話：07-536-1236　傳真：07-537-8236　網站：http://www.taitaifon.com/

工廠：814 高雄市仁武區鳳仁路 307 巷 63 號　工廠登記證號：64007984　農場：高雄市美農區吉洋里成功新村 35 號

Thailand

Thailand